人才强企

对外业务人才培养能力模型构建

中国石油新疆油田公司 编著

石油工业出版社

图书在版编目（CIP）数据

人才强企：对外业务人才培养能力模型构建 / 中国石油新疆油田公司编著 . -- 北京：石油工业出版社，2025. 6. -- ISBN 978-7-5183-7155-6

Ⅰ . TE34

中国国家版本馆 CIP 数据核字第 2024EC0212 号

出版发行：石油工业出版社

（北京市朝阳区安华里 2 区 1 号楼　100011）

网　　址：www.petropub.com

编辑部：（010）62067197　64523691

图书营销中心：（010）64523633　64523731

经　　销：全国新华书店

印　　刷：北京晨旭印刷厂

2025 年 6 月第 1 版　2025 年 6 月第 1 次印刷

787×1092 毫米　开本：1/16　印张：7.75

字数：93 千字

定价：68.00 元

（如出现印装质量问题，我社图书营销中心负责调换）

版权所有，翻印必究

《人才强企：对外业务人才培养能力模型构建》
编委会

主　　任：臧传贞
主　　编：王海东　郭建伟
副 主 编：孙　鹏　鲁海洋　丁　蕾
编写人员：马　宁　李小华　马雪姣　石玮敏
　　　　　韩　乐　李梓宁　李加成　徐　艳
　　　　　韩立群　汪红竹

前言

随着全球经济一体化进程的不断推进，特别是国家"一带一路"倡议的实施，新疆油田公司积极响应大政方针和中国石油天然气集团有限公司国际化战略，坚定"走出去"发展，构建了"做大做强亚洲油气市场，发展壮大中东油气市场，培育发展美洲、非洲油气市场"的"大海外"战略布局。为更好地适应对外业务发展需要，着力打造国际化、职业化、市场化的人才队伍，实现企业和员工的共同发展目标，人才培养与流动已成为推动企业对外市场业务发展的关键因素。然而，如何评价和培养具有国际化视野、跨文化适应能力和全球竞争力的人才，成为新疆油田公司对外业务人员培养面临的挑战。在当今全球化进程加速的商业环境下，人才不仅需要精通本专业领域知识，更要能够在多元文化背景下灵活应变、有效沟通协作，以应对复杂多变的国际市场。为此，新疆培训中心积极响应这一迫切需求，组织行业内资深专家、学者以及具有丰富实战经验的对外业务骨干，精心编写了《人才强企——对外业务人才培养能力模型构建》一书。旨在探讨构建有效的对外业务人员培养能力模型，为相关领域研究者、教育工作者和人力资源管理者提供理论指导和实践参考。

本书具体展示了对外业务人才能力模型构建的全流程，包括对外业务人才现状诊断、能力模型的构建、对外业务人才评估、培养应用等方面的内容。有助于满足专业知识技能的传授，语言技能、文化适应、创新思维和领导力等多方面的能力培养。

在撰写本书的过程中，作者广泛征求了来自不同企业部门领导与培训专家的意见和建议，分析了过往对外项目对员工能力素质要求和培训规划内容。此外还邀请了多位领域专家分享他们对于对外业务人才培养的见解和提议。这些宝贵的信息和观点，不仅丰富了本书的内容，也为读者提供了多角度的思考和启示。因篇幅受限且时间仓促，书中或有未尽之处，我们诚挚欢迎广大读者批评指正，能让这本书在新疆油田公司对外业务人才培养以及国际化进程推进中发挥更优效能。

目录

第一章 绪论

第一节 对外业务人才培养的意义和必要性 …………………1

第二节 研究内容和研究方法 …………………………………3
    一、研究内容 …………………………………………………3
    二、研究方法 …………………………………………………4

第三节 国内外研究的现状 ……………………………………6
    一、能力模型研究现状 ………………………………………6
    二、人才供应链研究现状 ……………………………………10

第四节 对外业务人才的定义 …………………………………11
    一、国外相关对外业务人才 …………………………………12
    二、国内相关对外业务人才 …………………………………12

第二章 对外业务人才（国内+国外）现状诊断分析

    一、对外业务人才（国内+国外）现状诊断的主要内容 … 14
    二、对外业务人才（国内+国外）现状诊断的结果 ……… 16
    三、对外业务人才（国内+国外）现有人才库盘点 ……… 59

第三章 对外业务人才能力模型构建及测评

第一节 对外业务人才（国内＋国外）能力模型构建 ········ 70
　一、对外业务人才（国内＋国外）业务与岗位分析 ········ 70
　二、对外业务人才（国内＋国外）能力模型构建路径 ······ 75

第二节 对外业务人才测评 ································ 87
　一、对外业务人才测评介绍 ····························· 87
　二、对外业务人才（经营管理、专业技术、技能操作）
　　　测评分析 ··· 87
　三、对外业务人才能力分布图 ··························· 92

第四章 对外业务人才（国内＋国外）发展规划思路与策略

　一、对外业务人才发展规划思路 ························· 97
　二、对外业务人才发展策略 ···························· 105
参考文献 ·· 113

第一章　绪论

第一节　对外业务人才培养的意义和必要性

党的二十大报告中指出"教育、科技、人才是全面建设社会主义现代化国家的基础性、战略性支撑。必须坚持科技是第一生产力、人才是第一资源、创新是第一动力，深入实施科教兴国战略、人才强国战略、创新驱动发展战略，开辟发展新领域新赛道，不断塑造发展新动能新优势。"随着对外开放的不断推进，中国形成了更大范围、更宽领域、更深层次对外开放格局。《中共中央关于制定国民经济和社会发展第十四个五年规划和二〇三五年远景目标的建议》中指出，推动共建"一带一路"高质量发展，要"坚持以企业为主体、以市场为导向、遵循国际惯例和债务可持续原则，健全多元化投融资体系"。新疆维吾尔自治区在"一带一路"中具有独特的区位优势，同时"一带一路"沿线国家和地区油气资源丰富，能源合作潜力巨大，为企业开拓海外市场提供了良好的发展契机。

中国石油天然气集团有限公司（以下简称"集团公司"）积极响应国家"一带一路"倡议，深入开展"国际化运营"工作，现已建成"五大油气合作区、四大跨国油气战略通道，三大国际运营中心"的战略布局，且连续多年海外油气权益产量达亿吨，进一步提升了我国能源安全保障能力。中国石油天然气集团有限公司准确把握能源转型趋势，加快实现从国内市场向国内国际两个市场相互促进转变，优化提升海外天然气投资，加大海外油气自主勘探开发和深水、非常规等领域的勘探投入，实施压减投资、降低成本、提升投资收益和处置低效无效资产等措施，推进海外油气业务技术研发投入和市场开发，提高海外油气业务储采比和天然气产量占比，提升国际业务的绿色可持续发展和资产创效能力，建设世界一流综合性国际能源公司。

中国石油新疆油田公司（以下简称"新疆油田公司"）深入领会"走出去"的重要性和意义，提出要"抓好外部两个市场""坚持走出去"的发展理念，打造具有新疆油田特色、与国际接轨的对外合作运营体系、管理机制、人才队伍、品牌文化，不断提升新疆油田公司市场竞争力、国际化经营能力。着眼当前，国外尼日尔等项目相继落地，国外项目持续增加，面对国内外政治经济环境的不断变化，人才储备已然成为"走出去"战略中重要的一环。随着业务向中亚、中东、非洲地区拓展，新疆油田公司对外业务人才培养工作面临的一个现实问题，缺乏对相关人才以及培养人的科学评估，提升参与人员的工作能力和综合素质还缺乏客观的评价标准。而且，新疆油田公司对外业务人才评估工作起步比较晚，还未形成针对性的、科学的、成熟的人才评估模型，也无法对具体的评估结果效果进行验证。

新疆油田公司提出要扩展海外市场，加强海外项目人才队伍建设，最终形成一支懂专业、会管理的海外人才队伍，适应海外项目数量和业务拓展需求的目标。同时随着海外业务的拓展，在海外人员的择优选拔、精准培训、全面提升和持续储备等方面面临较大挑战。"十四五"末，新疆油田公司在对外业务人才上提出了新的要求，建立对外业务人才库，形成对外业务人才"选用育留轮"三阶段培养标准和规划思路。因此，本课题组着手开展对外业务人才培养能力模型的构建及培养规划设计的研究。

第二节 研究内容和研究方法

一、研究内容

通过明确新疆油田公司整体对外业务人才项目中涉及的业务流程和岗位配制，建立对外业务人才（经营管理、专业技术、技能操作）能力模型。形成对外业务人才一年的培养规划建议方向并设计相应培训项目，进一步实现培养一批具备强语言、懂管理、善经营的对外业务人才接替和储备队伍，助力对外业务人才的筛选、培养，为新疆油田公司对外业务高质量发展提供强有力的人才支撑。

一是开展对外业务人才（国内+国外）现状诊断分析。通过对国家、集团公司等业务规划进行分析和研读；研究现阶段新疆油田公司对外合作区域业务分析概况；开展新疆油田公司对外人才（全球化）用工分析，基于对外业务人才，从业务分布、业务方向、岗位情况、能力素质、核心竞争力、用工分析、管理制度和培养举措等8个方面，采用全面调研、深度访谈、一对一书面调研等进行现状诊断分析。

二是搭建对外业务人才（国内+国外）能力模型。通过对现阶段管理机制和激励机制的分析，开展人才制度建设研究；梳理对外业务（国内+国外）人才队伍建设现状；以相关调研数据为依据，完成对外业务人才的核心关键岗位分析；从管理业务、管理人际、管理自我、管理团队和海外人才5个维度搭建对外业务人才（经营管理、专业技术、技能操作）能力模型。

三是形成对外业务（国内+国外）人才培养规划建议（一年）。对调研访谈结论及论据进行梳理，对成长规律进行假设与验证，结合数据结果，梳理核心人才、紧缺人才、骨干人才、储备人才的一年培养发展方向，进行关键岗位人员培训。

二、研究方法

1. 文献研究法

对新疆油田公司对外业务基本、业务发展、人员情况等资料深入研读。同时，借用互联网、书籍、期刊等相关资料研究学习，详细系统掌握新疆油田公司对外业务人才整体发展情况及模型建设主要做法。

2. 全面调研法

为了能够更好地摸清项目需求、人员情况、岗位业务分布以及相关能力要求，通过全面调研方法开展研究。

（1）问卷调查法

为了能够更好地了解对外业务人才目前管理业务现状以及新疆油田公司对于对外业务人才能力要求，组建问卷调查组设计和制作评估情况调查问卷，收集真实工作情景及相关案例，为能力模型梳理和测评工具开发奠定基础。采用发放纸质问卷和线上问卷的形式，邀请新疆油田公司对外业务人员进行问卷填报。通过对收回的有效问卷进行全面分析，发现评估存在的问题，并提出相应改进对策，具体的问卷调查流程如图1.1所示。

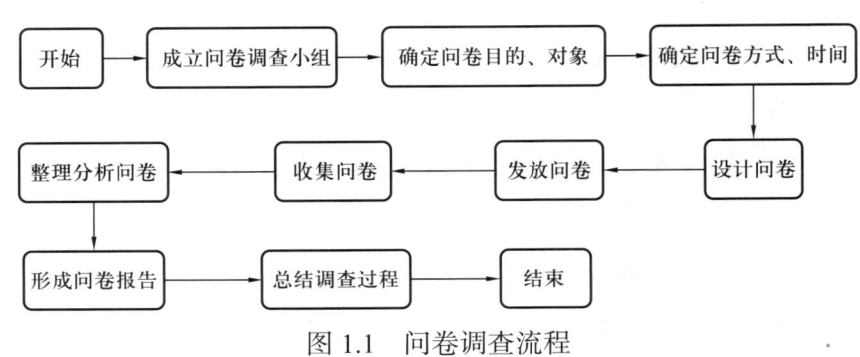

图1.1　问卷调查流程

（2）深度访谈法

深度访谈法是一种有目的性的、个别化的研究性交谈方法，是通过访谈者与受访者口头谈话的方式，从被访谈者那里收集第一手资料的一种研究方法。从需求分析的角度出发，深度访谈法是培训者为了解对外业务人才在工作技能、专业知识、工作态度等方面的现状进行面对面访谈的方法，如图1.2所示。深度访谈的目的在于获取现状的信息，有些现状信息只有通过访谈才能获得。

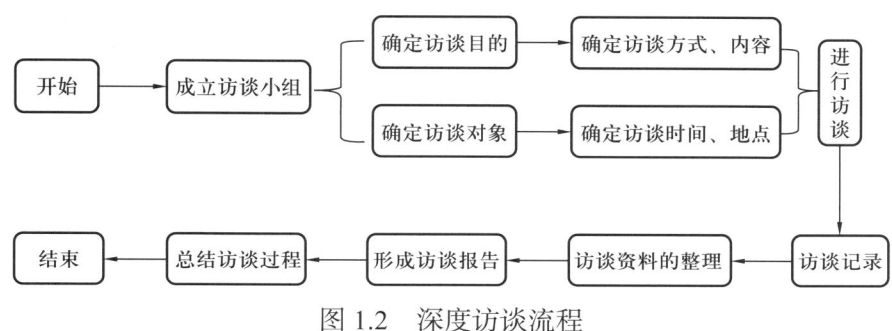

图1.2　深度访谈流程

深度访谈法一般分为访谈准备和访谈实施两大阶段。在访谈准备阶段，需要做好访谈前的工作：制定访谈计划，把握调查内容，选择适当的访谈形式，设计访谈提纲，选择访谈对象，初步了解被访谈者的情况，选好访谈时间、地点、场合等。在访谈实施阶段，要营造良好的谈话氛围，按计划进行访谈，注意访谈的提问技巧，用心倾听，深度交流并做好访谈记录。

深度访谈法在分析人员需求时有其独特的优势。与企业管理层面谈，了解组织对人员的期望；与有关工作负责人面谈，从工作角度了解需求；与员工面谈，明确员工对于知识的需求。将组织对人员的期望、工作对员工的要求、以及员工对培训的需求相结合，有利于从全局上了解组织整体需求、业务单位需求和员工个人需求，得出组织整体、工作业务单位及个人三方的共同需求区域，得出评估模型。当然，深度访谈法不是万能的，不可能直接得出客观、全面的需求信息，仍需要与其他研究方法相结合使用。

（3）一对一书面调研法

为了使调研更全面，采用一对一书面调研的方式开展工作，适用于涉及多单位、多人数的调研情景。因此，通过一对一书面调研对某一特定问题进行系统地收集、整理和分析相关信息，可以全面、客观地掌握问题的实际情况。在进行一对一书面调研时，可以了解当前研究内容，发现存在的问题及原因，能够对这些问题进行分析和解决。同时，一对一书面调研可以提高决策的科学性和准确性，在制定战略、政策或其他重要决策时，需要依据实际情况得出结论，而调研可以提供准确的数据和信息，做出科学的决策，以提高决策的效果。

3. 胜任力模型构建法

（1）归纳法

归纳法是指通过访谈调研，甄别目标群体中高绩效与一般绩效者在工作中表现出的不同特质，挖掘并归纳出实现绩效优异所需要的个人素质，进而形成胜任力模型。归纳法的主要方法有工作情境分析、行为事件访谈、焦点小组访谈、问卷调研、模型编码、数据统计分析等。

（2）演绎法

演绎法是一个逻辑推理的过程，主要从企业核心价值观和战略目标等因素推导出目标群体所需要的素质特点，对这些素质整理加工后形成胜任力模型。演绎法的主要方法有战略文化演绎分析、高管访谈、头脑风暴法、专家小组讨论、对标分析等。

第三节　国内外研究的现状

一、能力模型研究现状

1. 胜任力的研究现状

胜任力研究源于工业革命后的社会分工，在从事特定职业的人员和团体中，人们需要把合格的专业工作者与不合格的专业工作者区分开来，由此需要对职业的胜任资格进行测验，胜任力也应运而生。胜任力理论最早起源于西方并发展于西方，从其研究的总体发展过程来看，大体可以划分为概念的提出、概念的拓展和模型研究三个阶段。

关于胜任力的研究最早可追溯到19世纪20年代泰勒的"时间—动作"研究，它被普遍认为是胜任力研究的开端。而真正被列为胜任力模型构建方法的创始人，则是20世纪70年代美国哈佛大学教授心理学家戴维·麦克利兰（David McClelland）。1973年，在他发表的题为"测验胜任特征而不是测验智力"的文章中，首先提出"competency"（胜任素质）的概念，并指出"胜任素质是指能够清晰地辨别出高效率的优秀的绩效执行者和低效率的一般绩效执行者的知识、技能、能力和特质等各种个体行为特征"。文章的发表标志着胜任力在心理学界的开端，将胜任力研究带入到科学概念阶段。随后，麦克利兰在福莱·诺格（Flanagan）提出的关键事件技术的基础上进行优化，采用了开放式的行为回顾式探索技术"行为事件访谈法（BEI）"，将其运用于驻外服务新闻官选拔中，取得了较好的效果，从此开始了胜任力理论的研究和应用，并成为延续至今的胜任力研究的主要工具和建模技术。

进入21世纪以来，关于胜任力模型方面的研究进入到新一轮的热潮，在企业的实际管理中充分发挥胜任力的作用，能够有效地提升员工的工作效率，从而增强企业的综合实力，使其不断提升在行业中的竞争力。经济社会和组织的不断发展以及对人才发展的需要，胜任力模型的开发已成为企业人力资源管理从"人事管理"迈向"人才管理"的重要标志，胜任力模型已应用到人力资源管理的各个模块中，胜任力模型是人力资源管理与开发实践（如人才盘点、招聘选拔、人才培养等）的重要基础。胜任力模型已成为人力资源管理的基石，在岗位与人才之间有效地搭建了一座桥梁。

2. 胜任力模型研究现状

胜任力研究和实践起源于美国，随后胜任力在西方国家掀起了应用狂潮，很多国家开始了胜任力的研究和应用的探索，并建立了一系列的胜任力模型库和测量量表。

国内关于胜任力理论和模型的研究起步较晚，在国外研究的基础上，20世纪90年代末，胜任力才真正进入国内学者的视野。截至目前，国内学者对胜任力的研究大体经过奠基、扩展和快速发展的三个阶段。王鹏、时勘基于培训需求评价的目的，在国内最早介绍了胜任力，并指出胜任力分析方法对于改进培训需求评价的内容结构设计有重要的价值；王重鸣、陈民科访谈调查了全国不同城市的多家企业220名中高层管理人员，通过实证分析和评价，得出管理者胜任特征，为中国高级管理者胜任力模型的构建提供了依据；时勘、李超平将水上冰山部分（知识和技能）称为基准性胜任力，用来指对胜任者基础素质的要求，水下冰山部分包括社会角色、自我概念、特质和动机等胜任力，称为鉴别性胜任力，作为区分表现优异者与表现平平者的关键因素；王重鸣、陈民科采用基于胜任力的职位分析法，通过因子分析以及结构方程建模，验证了胜任力的结构，构建了中高层管理者的胜任力模型；仲理峰、时勘通过对家族企业高层管理者的行为事件访谈，构建包括威权导向、主动性、捕捉机遇等11项胜任力因子的家族企业高层管理者胜任力模型；清华大学张德、魏军利用访谈法、关键行为时间法以及评价法调研了中国多家银行的客户经理，深入分析研究得出我国商业银行客户经理胜任力模型。刘学方、王重鸣通过对200多家家族企业中高层管理人员进行访谈和问卷调查，在国内建立了家族企业接班人胜任力模型。这是国内首次通过探索性和验证性因子分析建立家族企业接班人胜任力模型；赵曙明、杜娟针对企业经营者胜任要素分析了国内企业经营者的胜任力及模型，并论述了企业经营者胜任力对选择和任用企业经营者的重要意义。

3. 跨文化胜任力研究现状

跨文化胜任力的研究始于20世纪80年代末，研究综述表明，跨文化胜任力的高低与其工作效果有着紧密的联系，跨文化胜任力已成为跨文化对外合作国际化人才开发和选拔的重要依据。由于对外合作国际化人才海外项目的工作性质，导致国际化人员需要长期居住在国外开展各项工作。由于国外地域、语言沟通等外部环境的差异，对外派人员的价值观和思维方式等方面的内部认知产生不同的影响。对外合作国际化人才的选拔重点在考察外派候选人的专业技能、领导能力、语言能力、外派意愿以及家庭状况外，还要重点考察员工的跨文化胜任能力。来自不同国家员工在项目合作相互融合的好坏，直接影响着项目推进的效果。对外合作国际化人才跨文化胜任力问题也逐步成为对外合作国际化项目关注的重点。

国外学者通过不同方向的研究赋予跨文化胜任力内涵，对跨文化胜任力的研究主要从特征因素视角和素质能力视角两个方面进行。早期的学者从不同的角度对跨文化胜任力进行了界定，跨文化胜任力是指个体与异文化背景的人们交流应具备的综合能力，也就是处理在此过程中遇到的文化差异、矛盾冲突等问题的能力。学者们在识别跨文化沟通中员工所需的跨文化胜任力上也做了诸多研究，但是在跨文化胜任力的构成问题上存有不同意见，有些学者强调的是个人的跨文化能力。跨文化胜任力的构建，会受到民族文化、组织文化以及个人生活等多层面因素的综合影响。民族文化差异越大，且组织一味强化本国管理理念，越会对个体跨文化胜任力的提升形成阻碍。跨文化胜任力，即个体在全新文化情境中达成良好适应并实现工作成效的能力。基于此，可将其划分为文化认知能力、跨文化适应动力以及跨文化适应行为这三个核心构成要素。

二、人才供应链研究现状

人才供应链的概念于2008年由沃顿商学院的彼得·卡佩利（Peter Cappelli）首次提出，将供应链管理的思维导入人才管理，建立能够满足企业人才需求的供应链系统。设计的过程中结合了成本因素、时间因素、质量因素等内容，力图实现像"原材料的供应至成品交付全流程供应体系"的供应能力建设，从人才甄选到培养到实现人岗匹配。他把"talent-on demand framework"和"Just-In-Time"进行对比，从供应链的角度来看：供应中的产品需求预测，接近于人力资源规划中的人才需求预测；以对人才培养最优的成本投入，类似于对产品开发进行最优质的、成本最低的投入。建立外部人才供应渠道，对人才供应商进行管理，类似于将部分工序外包给服务商，对服务商进行管理，确保及时提供所需要的人才。

人才供应链体系在有些行业的运用已经比较普遍，且已成为炙手可热的工具应用在企业的实践中。国外学术界对人才供应链理论研究比较有代表性的是彼得·卡佩利教授，他提出在建立人才库可以运用供应链思想，并指出要借用"汇率资产组合投资思想"做好人力资源供应链的风险管理，减少人力供应链上的束缚点，实现人岗匹配。明确指出内部培训与外部招聘同等重要，要权衡好两者之间的关系。要接受人才需求的不确定性，并且要善于像资产重新配置一样做好紧缺部门的人才补给、人才过剩部门的调配。要着力提升员工培训的投资回报率，对人才培养的结果要进行有效的评估，最终实现各方的多赢。IBM将人才供应链导入人力资源管理中，运用供应链思维解决人力资源管理中存在的问题，据统计已为IBM节约数十亿美金的人工成本，包括对员工的能力管理、应急性人才需求、未来人才需求等。其人工效率提升近7%左右（节约成本近2亿美金）。

许锋收集了663家企业素材，结合企业在行业的综合排名、收入规模、利润率等重要指标进行筛选，选出其中29家企业进行实地调研，调研团队由中山大学和暨南大学管理学院的硕士研究生和博士生组成，运用扎根理论研究方法，形成了约40万字的原始资料，构建了四个核心维度的人才供应链模型：动态短期的人才规划、灵活标准的人才盘点、ROI最大化的人才培养、无时差的人才补给。将人才供应链模式定义为：能够灵活动态地对内外部不确定性因素做出快速反应、实现"Just-In-Time"的人才配置、投入产出比最大化的有效人才管理模式。

有学者从人才供应链的结构上对人才供应链体系进行分析，徐顾认为，企业应从传统的以"岗位—薪酬—绩效"为中心的人力资源管理升级至以"需求预测—培训开发—能力评估"为系统的人才管理模式，基于岗位、薪酬与绩效的人力资源管理模式与现代系统结合实现战略性的人力资源管理，打造新疆油田公司成熟高效的人才供应链体系。通过对PDCA管理闭环模式的延伸，提出了人才需求计划、人才匹配度评估、人才供应动态校正的步骤循环供应链体系。以人才需求为基础，在成本可控的前提下，实现员工、岗位、能力的及时匹配和精准匹配。

第四节　对外业务人才的定义

在当今全球化的商业环境中，对外业务人才对于企业拓展国际市场、实现跨国经营具有至关重要的意义。本书所定义的对外业务人才具体指新疆油田公司对外市场服务的全体人员，涵盖了国内和国外相关业务的各类人员，他们在企业的国际化进程中发挥着不可或缺的作用。

一、国外相关对外业务人才

国外相关对外业务人才主要是指投身国际市场的精英力量，根据业务划分具体包含海外项目中的决策层人员、业务主管、项目经理、技术研发人员和操作人员。

① 海外中层管理人员：指油田层面部门负责人、海外分公司负责人、专业公司海外业务主管领导等。

② 海外业务主管：指海外分公司市场营销、法律事务、对外贸易、合同管理等专业管理人员。

③ 海外项目经理：指海外勘探开发、工程技术、工程建设、装备制造等业务项目部经理、副经理。

④ 海外专业技术人员：指在海外项目中从事专业技术工作的人员，包括油气田开发、地面工艺、电力运行工程师等技术人员。

⑤ 海外一般管理人员：指海外项目部中负责项目运行的一般管理人员，包括作业管理、HSE管理等管理人员。

⑥ 海外技能操作人员：指海外施工作业前线基层队伍中的中方操作员工，包括自动化运维、电气仪表等技能操作人员。

二、国内相关对外业务人才

国内相关对外业务人才主要是指，区别新疆油田作业区域以外的、服务于国内其他油田的相关对外业务人员，具体主要包含项目经理、技术研发人员和操作人员。

① 国内对外业务项目经理：指国内对外项目中工程技术、工程建设等业务项目部经理、副经理。

② 国内对外业务专业技术人员：指国内对外项目中从事专业技术工作的人员，包括井下作业技术员等。

③ 国内对外业务一般管理人员：指国内项目部中负责项目运

行的一般管理人员，包括作业管理、专职管理、兼职安全员等管理人员。

④ 国内对外业务技能操作人员：指国内对外项目作业前线基层队伍中的操作员工，包括电力维护、集输处理、电焊等操作员工。

第二章 对外业务人才（国内＋国外）现状诊断分析

一、对外业务人才（国内＋国外）现状诊断的主要内容

1. 深度访谈

（1）深度访谈的意义

通过随机抽样法对新疆油田公司各机关单位、各层级员工进行抽样，确定访谈对象。深入了解新疆油田公司对外业务人才（国内＋国外）市场前端的工作、海外项目的社会安全、出国人员出国时需要具备的条件要求，进一步理清新疆油田公司现有对外合作人才数量、能力现状与需求之间存在的差距，收集真实工作情景及相关案例，为能力模型梳理和测评工具开发奠定基础，加强需求信息调查的真实性、切实结合实际需要，为今后制定分析报告提供科学合理的依据。

（2）深度访谈的人员安排

深度访谈选取了三级副及以上从事过国内或国外的对外项目的管理人员，开展一对一访谈，每次访谈时长约为1个小时，共抽取了6家单位的37人进行访谈。

（3）深度访谈的提纲设计及说明

在访谈正式开始前，针对受访单位及人员层级，设计出不同的

访谈提纲（提纲仅供参考，访谈者可以按照实际情况进行适当地调整）。共设计出 12 份分别针对 6 家单位相关领导和对外业务管理人员的访谈提纲。目的是从管理层视角明晰现有对外业务人才的问题和对外合作人才管理的期望值。访谈的设计内容有：未来 3～5 年对外业务发展的战略、完成战略目标的难点、海外业务今后的发展、对外业务人才所在岗位核心职责和工作内容；以及未来 3～5 年的涉外项目重点工作，对外业务人才的整体水平及特点，基础资格条件，优秀事例等。

2. 一对一书面调研

（1）一对一书面调研的意义

将新疆油田公司涉及对外业务的某厂、某研究院等 6 家单位实际参与国内外项目以及曾经参加国内外项目的人员作为一对一书面调研对象。深入了解新疆油田公司对外业务人才经营管理人员、专业技术人员和技能操作人员在国内外项目中的岗位情况、业务情况以及在培养举措和管理制度等方面的相关情况，为细化能力模型梳理和测评工具开发奠定基础。

（2）一对一书面调研的人员选取及安排

一对一书面调研的人员选取某厂、某研究院、某公司、某中心等 6 家单位中的经营管理人员、专业技术人员和技能操作人员，共计 330 人，实际书面调研问卷 242 人，完成率 73%。

（3）一对一书面调研的提纲设计及说明

设计了针对对外业务（经营管理、专业技术、技能操作）的一般人员的一对一调研提纲。提纲主要涉及对外业务人才的业务、岗位情况和对外业务人才培养举措、管理制度两部分内容。具体一对一书面调研提纲的内容示例见图 2.1。

> 一、对外业务人才的业务、岗位情况
> 1. 您的单位：
> 2. 您的岗位（现在工作的岗位和参与项目中的岗位，若没有参与项目填写现在工作岗位即可）：
> （1）现岗位：
> （2）项目中的岗位：
> 3. 请您介绍一下您所参与项目的概况。以下内容请按参与项目中的工作职责填写（若没有参与项目，按现在岗位职责填写）。
> 4. 请您介绍一下您在对外业务工作和项目中的工作职责。
> 5. 在这些工作职责中：
> （1）您认为哪些工作是最核心、最关键的？
> （2）您认为在完成上述最核心、最关键的工作内容中，需要具备哪些知识、技能？
> （3）目前所具备的这些专业知识和技能，您认为还需要在哪些方面进行培训和提升？
> 6. 在目前工作中，您经常会遇到的困难或挑战有哪些？
> （1）请列举您工作中最核心的2~3项困难或挑战。
> （2）面临这些挑战您是如何处理的？采取了哪些措施？请结合实际案例进行说明。
> 7. 您认为作为一名项目中的管理人员/专业技术人员/操作技能人员应该具备哪些素质？
> （1）请列举至少三项能力素质。
> （2）在工作中有哪些具体的行为表现？请用事件来说明。
> 8. 请回顾过往工作中您觉得对自己职业发展或专业积累有较大影响的关键历练，例如重大项目、大型竞赛、交流学习经验、职称评定等。
> 9. 您认为新疆油田公司具备哪些优势能拓展外部市场？
> 10. 您认为新疆油田公司对外业务人员未来的队伍可以通过哪些渠道引进人才？
> 二、对外业务人才培养举措、管理制度
> 1. 在您参与过的项目中，让您印象深刻的培养发展举措有哪些？可以包含课程学习、培训等。
> 2. 除了上述以外，您认为现阶段应通过哪些培养举措提升（经营管理、专业技术、技能操作人员）能力。
> 3. 您对于现阶段对外业务人才的发展路径和培养举措，有什么建议？
> 4. 您认为在对外业务中还需要解决哪些管理制度的问题，才能全身心的投入到工作当中？

图 2.1　一对一书面调研的提纲内容

二、对外业务人才（国内+国外）现状诊断的结果

根据上述调研内容，针对深度访谈材料及书面调研材料分别应用材料解码及统计分析，以定性描述及定量统计分析方式对相关内容进行整理总结，并从中提出关键信息形成相关参考依据。

1. 深度访谈的结果

在深度访谈提纲设计阶段主要以新疆油田公司中、基层领导作为访谈对象，分别考虑了对外业务类别，包含：市场开拓、商务运作、现场技术支持、科研课题研究、生产运维等方向，综合考虑相关业务信息及专业性质。同时在提纲设计阶段以业务分布、业务方向、岗位情况、能力素质、管理制度、培养举措、核心竞争力和用工分析为主。

（1）业务分布

通过表 2.1 可以看出目前新疆油田公司的对外业务分布主要以中东、中亚及非洲为主，具体涉及哈萨克斯坦、土库曼斯坦、乌兹别克斯坦、伊拉克、尼日尔等国家；国内主要以塔里木油田、大庆油田为主。

表 2.1 业务分布深度访谈分析表

序号	单位	信息提取
1	某厂	国外：土库曼斯坦、乌兹别克斯坦、尼日尔 国内：塔里木油田
2	某公司	国外：尼日尔 国内：塔里木油田
3	某中心	国内：塔里木油田、大庆油田
4	某研究院	国外：加拿大、哈萨克斯坦、伊拉克 国内：南方公司

（2）业务方向

通过表 2.2 可以看出目前新疆油田公司对外业务的总体方向：国外项目主要以现场技术支持、科研课题研究及生产运维为主，相对来说业务范围较广。国内和国外都涉及到的业务主要是商务运作和市场开发；国内主要以生产运维为核心，以连续油管特色工艺技术为支撑，在此基础上拓展形成压裂、酸化等井筒作业工艺矩阵，为油气田全生产周期管理提供专业化设备运维服务。

表 2.2　业务方向深度访谈分析表

序号	单位	信息获取
1	某厂	国内：聚焦高附加值技术支持与商务拓展业务领域，致力于提供高品质专业服务 国外：在电力自动化以及发供电范畴内精耕细作，积极探索前沿技术与应用模式
2	某公司	国内：涵盖生产运维保障、连续油管专项作业以及实验检测分析等核心业务板块 国外：合同谈判与落地执行、人员现场安置、市场维护与拓展、本地平台搭建、法律商务语言事务、沟通对接与反馈
3	某中心	国内：机械生产应急处理、井下作业、机械加工、压裂工艺、连续油管技术服务 国外：无
4	某研究院	国内：科研课题研究 国外：海外技术支持、业务交流、招投标、商务活动、外文翻译

（3）岗位情况

通过表 2.3 可以看出目前国外岗位主要覆盖了专业技术岗、经营管理岗和技能操作岗，具体专业岗位以油气开发、电力运维、自动化等方向为主，国内岗位主要以经营管理和技能操作岗为主，具体涉及基层领导及连续油管操作手。

表 2.3　岗位情况深度访谈分析表

序号	单位	信息获取
1	某厂	国内：主要涉及生产运维工作，承担原油开采任务，开展集输处理流程，拥有专业电工团队，进行油田综合维护作业 国外：电力自动化建设，承担发供电项目，布局电气与仪表相关业务，设立采油工程师、安全工程师、设备工程师以及工艺工程师等岗位
2	某中心	国内：现场干部与操作人员构成关键岗位群体，他们在整体业务运作链条中发挥着至关重要的衔接与执行作用 国外：无

续表

序号	单位	信息获取
3	某研究院	国内：无 国外：增设外部市场项目经理岗位以统筹海外项目运作，设立市场开发岗位助力业务版图扩张，部署合同管理岗位确保商务合作规范有序，构建综合管理岗位保障海外机构高效运转

（4）能力素质

通过表2.4可以将能力素质分析划分为两方面，一方面因为国内、国外外部环境差异大，所以主要体现在外语能力水平、沟通能力、跨文化适应能力等方面；另一方面为三支队伍（经营管理、专业技术、技能操作）的工作属性不同，主要体现在综合管理能力、专业技术能力及技能水平等。

表2.4 能力素质深度访谈分析表

序号	单位	信息获取
1	某厂	国内：无 国外：具备市场开拓、项目支撑能力，现场应对水平高，拥有自主安全意识、强烈工作责任心、坚韧不拔，擅长外部业务拓展与外联外接，精通商务谈判，吃苦耐劳，技术能力过硬，外语水平达标，品行端正、脾性温和，适应环境及心理承受能力强，沟通协调能力佳，熟悉海外安全与政治情况。
2	某公司	国内：具备市场敏锐性，掌握合同内控及招投标、谈判能力，能保障生产安全，确保经营管理合规，把控廉洁风险，兼具懂管理、会技术、擅内控、通招标等能力，且吃苦耐劳、耐得住寂寞。 国外：无
3	某中心	国内：技术能力扎实，思想觉悟高，责任心强，沟通交往、交流能力良好，熟悉结算业务，自主学习及主动意识突出，性格外向，组织能力强，且细心、善于照顾人。 国外：无

续表

序号	单位	信息获取
4	某研究院	国内：专业性强，抗压能力好，沟通交流能力佳，富有牺牲奉献精神。 国外：需经验丰富、吃苦耐劳、富有团队协作精神、居安思危、沟通交流、协调能力良好，业务能力过硬，外语水平达标，具备商务管理能力。

（5）管理制度

通过表 2.5 可以看出各业务单位的相关领导交流频率最多集中在人员的薪资待遇和激励政策方面，凸显现阶段的物质奖励的需求不满足实际，需要调整以适应市场的需求。同时，对于外部市场管理制度方面，也希望能进一步提升综合管理水平以适应外部市场瞬息变化的现状；以及对外业务人员更加关注自身的发展是否得到合理的关注等。

表 2.5　管理制度深度访谈分析表

序号	单位	信息提取
1	某厂	国内：用工模式的改革，人员接替、薪酬和员工晋升体系、部门之间问题解决时间过长 国外：按照当地劳动法相关制度进行管理、用国内管理模式、海外人员薪资管理办法、职称评定、薪酬制度
2	某公司	国内：外部市场管理制度 国外：员工收入、回国后职称晋升、人员晋升、工资待遇
3	某中心	国内：奖励机制，服务体系，个人垫付无法报销，签合同流程繁琐，薪资待遇、收入待遇问题
4	某研究院	国外：完善海外社会安全管理、外部市场相关管理和激励制度，打造完整外贸体系、设立专业独立部门统筹管理，无市场开拓费的支持，人员年龄比例不均，放宽外语政策，加强海外人员的安全管理工作，薪酬待遇、职业发展通道的更新规划

（6）培养举措

通过表 2.6 可以看出希望的培养举措涉及面广，在培训内容上表现在对法律法规、商务知识、外语培训及相关专业知识的需求。对于人才引进方面的需求，具体表现在社会招聘和人才储备等。

表 2.6 培养举措深度访谈分析表

序号	单位	信息提取
1	某厂	国外：商务人才的培养、自动化、俄语（发供电专业）、压缩机培训
2	某公司	国外：心理咨询培训、托福口语、商务英语、英语写作
3	某中心	国内：人员储备
4	某研究院	国外：培养海外市场政策法规的专业人才、随时与外部知名公司开展学习交流、商务方面、国际法律法规的培训、地方政策、制定内培，在海外通过交流小讲堂等形式进行各方面的学习

（7）核心竞争力

通过表 2.7 可以看出目前新疆油田公司对外业务的核心竞争力主要体现在两方面，一方面来自于品牌优势国企拥有强大的品牌影响力，良好的国企形象给予甲方更多的质量服务保障；另一方面来自于企业过硬的专业技术水平，实现更多的是一体化的专业技术解决方案。

表 2.7 核心竞争力深度访谈分析表

序号	单位	信息提取
1	某厂	国外：专业性、工作态度、自动化运维
2	某公司	国外：稠油、页岩油、致密油开发
3	某中心	国内：国有企业在信誉上有保证、拥有前沿专业技术优势
4	某研究院	国外：工程技术具备优势；与海外良好的信赖关系；集团、企业对开拓外部市场的支持；工程技术领域专业优势

（8）用工分析

通过表 2.8 可以看出对外业务人员主要以内部用工方式为核心，同时相关领导也提出在用工模式中受限于目前的管理制度，无法实现"市场化用工 + 当地雇员"，因此后期需要在用工渠道上探索更多适合企业发展的路径。

表 2.8 管理制度深度访谈分析表

序号	单位	信息提取
1	某厂	国外：在国外业务中，该厂多处于乙方甚至丙方地位，采用市场化用工方式
2	某公司	国外：在国外业务方面，公司员工由国内人员和外籍员工组成，管理上采用甲方管理与员工自我生活管理相结合的双重管理模式
3	某中心	国内：在国内业务中，不允许采用"市场化用工 + 当地雇员"的用工模式

通过对上述深度访谈的分析，对外业务整体情况总结如下：

① 新疆油田公司近年来致力于外部市场的拓展和创收，从对外服务市场端来看，国内主要是南疆塔里木、大庆油田等地，国外主要集中在中亚地区、非洲地区等，可以看出对外市场所服务的区域属于油气储量的富集区，有利于新疆油田公司的市场维护和关系保持，为今后的创效增收打下了良好的基础。

② 现阶段新疆油田公司在对外市场端的业务，主要体现在技术支持服务、现场操作运维和产品出口三个外向型方向；对内的业务则以商务合作相关的合同谈判、签订等为主，整体来看业务的覆盖面广，项目的延展性好。在实际运行过程中面临的问题是业务覆盖的越全面，背后的运行机构的管理机制、体制就要不断地更新，以适应对外项目的敏捷运行。

③ 从对外服务的岗位总体来看，在电力、自动化、采油采气、地面工程、对外商务等方面的用工人员较多，由此也引发新疆油田

公司在对外、对内专业人才的储备、筛选、培养、用人等方面需要综合性考虑人才资源的发展与管理，平衡各业务端口的用人需求，同时还需要考虑人均产值创效、人员培养率等评估指标，从而更好地做好人才发展、成长的规划管理。

④ 根据实际访谈能力素质的内容来看，对外业务人员整体的素质关注点主要集中在管理业务、管理自我两个方面，少部分群体涉及管理团队方面的素质指标，结合上述内容经过不断整理和汇总，符合实际能力素质建设的预期效果，但在专业指向方面的谈话内容中稍有欠缺。

⑤ 对外业务人员关于对外管理流程、制度方面，关注度主要集中在人员激励、流程管理两部分，在人员激励方面，更多的焦点在于职务晋升、薪资待遇和休息休假；而流程管理方面主要关注的核心点在于合规管理和制度的敏捷管理提升方面，由此也反映出在整个对外业务的范畴内，新疆油田公司需要更加关注对外业务中管人和管事两方面的核心工作内容上来。

⑥ 在人员培养举措方面，对外业务人员自身在外语能力、专业知识等提升需求较高，对于外语方面不再满足于笔试考试通过，而是能够在对外项目的实际场景中应用。因此外语能力培训应在后期更多地融入实战交流评估，以外教对话、小组汇报、口语训练等形式满足实际场景需要。

⑦ 在核心竞争力方面，新疆油田公司所具备的竞争力主要有两部分，一部分来自新疆油田公司外部市场品牌影响力的打造、品牌文化建设方面的软实力；另一部分来自外部市场难题攻坚、整体方案解决的技术硬实力，通过软、硬实力结合方式，不断地在外部市场拓展出属于自身核心竞争力的优势服务体系。

⑧ 在对外项目用工分析方面，新疆油田公司主要以内部用工为

主,在一定程度上可以保障项目的运行质量和项目管理质量,但同时也面临着项目运维中人工成本的增加。究其原因可归因于两方面:一方面在于现场运维环节存在的安全生产隐患;另一方面体现在现场运维及技术支持工作对专业技能与技术水平提出的更高要求。

2. 一对一书面调研的结果

书面调研提纲设计阶段,主要以新疆油田公司三支队伍序列在对外业务人员发展情况为依据,针对国内业务和国外业务两大类别,充分考虑人员发展实际需求,以培养路径、培养规划和人才发展因素为核心,设计 1 级调研维度;以困难或挑战、采取措施、关键历练、现阶段发展路径、印象深刻的培养发展举措、现阶段培养举措、渠道引进人才、解决的管理制度 8 个因素为 2 级维度进行相关的量化归类分析,如图 2.2 所示。

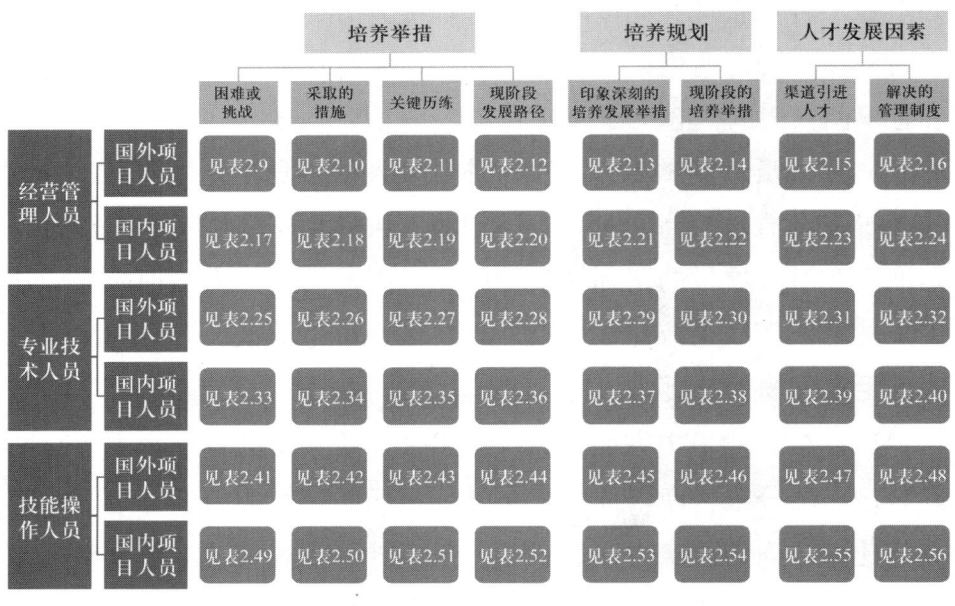

图 2.2 书面调研信息归类整理设计

参与本次书面调研人员共计 233 人,其中经营管理序列人员 23 人,占比 9.87%;专业技术人员 147 人,占比 63%;技能操作人员

63人，占比27%。在书面调研过程中，部分参与者的回答存在信息不够完整、未能精准对应问题进行回答等情况，从而对数据分析带来一定程度的影响。为了能更全面地做好一对一书面调研数据的分析，将参与国内项目人员和国外项目人员做了进一步的研究分析。

（1）经营管理人员书面调研统计分析

① 国外项目参与人员分析。

一是培养路径维度。

困难或挑战方面，汇总有效信息共计11条，如表2.9所示。国外项目经营管理人员存在的困难或挑战主要来源于专业知识储备不足，管理流程不清晰；部分人员在外语能力方面较为欠缺，相关管理制度内容不熟悉等。

表2.9 国外项目经营管理人员困难或挑战分析

队伍类型	参与国内/国外项目	困难或挑战	频数	占比（%）
经营管理人员	国外项目	外语能力低	2	18.2
		专业技术薄弱、流程不熟悉	5	45.4
		工作量大，人员不够	2	18.2
		管理制度	2	18.2
		合计	11	/

采取的措施方面，汇总有效信息共计3条，如表2.10所示。其中针对上述困难或挑战更常规的做法是通过培训或学习交流方式解决当前的问题。

表2.10 国外项目经营管理人员采取的措施分析

队伍类型	参与国内/国外项目	采取的措施	频数	占比（%）
经营管理人员	国外项目	培训学习交流	2	66.7
		沟通、协调汇报	1	33.3
		合计	3	/

关键历练方面，国外项目经营管理人员认为对于个人能力提升最看重的方式是参与项目运作，如表2.11所示。可以看出通过项目运作能更好地理解项目的需求和目标，从而更好地为客户提供解决方案；部分人员认为参与竞赛、基层历练也同样有利于提升个人能力。

表2.11 国外项目经营管理人员关键历练分析

队伍类型	参与国内/国外项目	关键历练	频数	占比（%）
经营管理人员	国外项目	参与竞赛	4	25
		参与项目运作	6	37.5
		基层历练	4	25
		职称评审	2	12.5
		合计	16	/

现阶段发展路径方面，国外项目经营管理人员认为积累工作经验是现阶段发展路径最适合的方式，而这种方式同样有助于经营管理人员积累更宝贵的实践经验，更深入地理解项目管控的全过程。见表2.12所示。

表2.12 国外项目经营管理人员现阶段发展路径分析

队伍类型	参与国内/国外项目	现阶段发展路径	频数	占比（%）
经营管理人员	国外项目	培训交流学习	2	18.2
		职业规划	1	9.1
		选拔人才	1	9.1
		积累工作经验	5	45.4
		提高薪资待遇	2	18.2
		合计	11	/

二是培养规划维度。

印象深刻的培养发展举措方面，汇总有效信息共计12条，见

表 2.13 所示。其中国外项目经营管理人员认为知识技能培训是印象深刻的培养发展举措，由于国内外工作环境、管理制度、相关国际标准等存在较大差异性，因此对于国外项目经营管理人员在职业发展、培养培训等需要进一步深化专业知识，提升技能水平；部分人员认为有计划、针对性的培训也较为重要。

表 2.13 国外项目经营管理人员印象深刻的培养发展举措分析

队伍类型	参与国内/国外项目	印象深刻的培养发展举措	频数	占比（%）
经营管理人员	国外项目	知识技能类培训	8	66.7
		海外业务安全形势培训	1	8.3
		公司出台相应培养计划	2	16.7
		本土文化学习	1	8.3
		合计	12	/

现阶段的培养举措，汇总有效信息共计 13 条，见表 2.14 所示。国外项目经营管理人员现阶段的培养举措中，能力提升类培训占据了重要地位，结合国外项目所处的外部环境、当地政策法规影响等，全面提升经营管理人员的专业能力、领导力和跨文化管理能力尤为重要。

表 2.14 国外项目经营管理人员现阶段的培养举措分析

队伍类型	参与国内/国外项目	现阶段的培养举措	频数	占比（%）
经营管理人员	国外项目	知识技能类培训	5	38.5
		能力提升类培训	6	46.2
		按需求培训	2	15.3
		合计	13	/

三是人才发展因素维度。

渠道引进人才方面，社会化招聘、改制企业用工占比较高，如表 2.15 所示，结合前期访谈材料可以看出国外项目运作管理在人员用工方面呈现出两种形式，一种是以国有企业引领带动地方企业开发外部市场，另一种是以招聘社会有经验的人员参与外部市场项目服务。

表 2.15 国外项目经营管理人员渠道引进人才分析

队伍类型	参与国内/国外项目	渠道引进人才	频数	占比（%）
经营管理人员	国外项目	社会化招聘	5	33.3
		内部培养	4	26.7
		改制企业	5	33.3
		高校特招	1	6.7
		合计	15	/

解决的管理制度方面，汇总有效信息共计15条，见表2.16所示。其中，国外项目经营管理人员更加关注完善海外人员薪资管理办法，根据外部地区不同国家、不同项目工作量的核算，需要综合考虑多个因素并制定相应的策略和措施，由此可能需要进一步完善现有的薪资管理体系。同时，还需要重视外部市场员工对于外部市场的管理运行制度，可能需要进一步匹配外部项目的管理环境，便于外部项目的敏捷管理。

表 2.16 国外项目经营管理人员解决的管理制度分析

队伍类型	参与国内/国外项目	解决的管理制度	频数	占比（%）
经营管理人员	国外项目	完善海外人员薪资管理办法	8	53.3
		健全外部市场管理制度（增设管理部门）	1	6.7
		员工休息制度的完善	1	6.7
		完善员工晋升通道	2	13.3
		健全外部市场管理制度	3	20.0
		合计	15	/

② 国内项目参与人员分析。

一是培养路径维度。

困难或挑战方面，汇总有效信息共计 11 条，见表 2.17 所示。国内项目经营管理人员认为困难或挑战主要来源于管理制度的适配性问题。结合前期访谈结果，侧面验证现阶段在外部市场的管理运行中，可能存在管理流程或管理机制不健全的情况，同时可能也存在部分管理人员对于管理流程不熟悉、相关计划管理工作不到位等情况。由此，对于管理制度适配性更需要做好两方面工作，一方面进一步采取现场调研、走访座谈等方式了解实际的管理适配性问题；另一方面对于相关的管理人员应通过内部培训等方式加强经营管理人员理解管理流程，强化管理工作的合规性。

表 2.17　国内项目经营管理人员困难或挑战分析

队伍类型	参与国内/国外项目	困难或挑战	频数	占比（%）
经营管理人员	国内项目	工作量大，人员不够	3	27.3
		管理制度的适配性	7	63.6
		项目管理能力	1	9.1
		合计	11	/

采取的措施方面，汇总有效信息共计 11 条，见表 2.18 所示，国内项目经营管理人员面对困难或挑战采取的措施主要以沟通、协调或请教有经验的同事为主，综合占比达 63.7%。由此可以看出国内项目经营管理人员能够高效地通过沟通反馈问题，从而提升项目运营的整体工作效率，也反应出项目管理人员需要具备一定的有效沟通能力，学会倾听和反馈，解决沟通障碍。

表 2.18　国内项目经营管理人员采取的措施分析

队伍类型	参与国内/国外项目	采取的措施	频数	占比（%）
经营管理人员	国内项目	商务运作	1	9.1
		身心健康	1	9.1
		沟通、协调汇报	5	45.4
		请教有经验的同事	2	18.2
		引进人才	2	18.2
		合计	11	/

关键历练方面，国内项目经营管理人员关键历练由于获取信息较少，如表 2.19 所示，结合前期相关人员访谈内容，综合分析经营管理人员还应在项目建设过程中参与项目历练、项目管理工作，同时还需要提高跨部门沟通、协作等能力，以促进国内项目经营管理人员的成长。

表 2.19　国内项目经营管理人员关键历练分析

队伍类型	参与国内/国外项目	关键历练	频数	占比（%）
经营管理人员	国内项目	参与项目运作	1	25
		职称评审	2	50
		基层历练	1	25
		合计	4	/

现阶段发展路径方面，国内项目经营管理人员现阶段发展路径有效信息较少，如表 2.20 所示，结合前期相关人员访谈内容综合分析，经营管理人员的发展路径应是多元化的发展方向，其中核心的是掌握项目管理的基本知识和技能。例如，考取 PMP 项目人士证书从而具备项目管理技能和方法；参与项目管理工作积累项目管理实战经验，同时加强自身的沟通、表达能力，提升自我的软实力。

表 2.20　国内项目经营管理人员现阶段发展路径

队伍类型	参与国内/国外项目	现阶段发展路径	频数	占比（%）
经营管理人员	国内项目	培训交流学习	1	33.3
		累计工作经验	2	66.7
		合计	3	/

二是培养规划维度。

印象深刻的培养发展举措方面，国内项目经营管理人员印象深刻的培养发展举措中，项目实训获得更多的认同，如表 2.21 所示。可以判断出项目实训是理论与实际操作紧密结合的结果，在短时间内迅速提升经营管理人员掌握项目管理技能，提高解决实际问题的能力。与此同时，项目实训注重实战能力的培养，一方面管理人员需要亲自动手完成各种任务，如制定项目计划、分配资源、协调团队、控制进度和质量等；另一方面培养创新思维，鼓励经营管理人员运用创新思维来寻找解决问题的新方法和新途径。

表 2.21　国内项目经营管理人员印象深刻的培养发展举措分析

队伍类型	参与国内/国外项目	印象深刻的培养发展举措	频数	占比（%）
经营管理人员	国内项目	甲方评估	3	42.9
		项目实训	4	57.1
		合计	7	/

现阶段的培养举措方面，国内项目经营管理人员现阶段的培养举措中更加看重知识技能类的培训，同时重视多种培训形式相结合，对专业知识、技能进行深入理解和掌握，如表 2.22 所示。因此在经营管理人员培训项目设计阶段，应根据实际培训课程内容匹配适合的培训方式，持续提升人员的专业素养和综合能力。

表 2.22　国内项目经营管理人员现阶段的培养举措分析

队伍类型	参与国内/国外项目	现阶段的培养举措	频数	占比（%）
经营管理人员	国内项目	知识技能类培训	3	37.5
		培训形式	3	37.5
		能力提升类培训	2	25
		合计	8	/

三是人才发展因素维度。

渠道引进人才方面，国内项目经营管理人员与国外项目经营管理人员在人才引进方面选择基本一致，如表 2.23 所示，可以推断出更为看重的是社招人员具有的丰富的实践管理经验，能够为企业带来成熟的项目管理方法和技能，解决企业在项目中遇到的实际问题。社会招聘的人才通常具有较强的职业素养和工作能力，能够快速融入团队并发挥作用。也可以推断出，经营管理人员更加注重项目用工中人员成本的控制，为新疆油田公司在外部市场创收降本增效中发挥更重要的作用。

表 2.23　国内项目经营管理人员渠道引进人才分析

队伍类型	参与国内/国外项目	渠道引进人才	频数	占比（%）
经营管理人员	国内项目	改制企业	2	33.3
		社会化招聘	2	33.3
		校招	1	16.7
		内部选拔	1	16.7
		合计	6	/

完善管理制度方面，国内项目经营管理人员与国外项目经营管理人员在完善管理制度方面选择基本一致，如表 2.24 所示。结合前期访谈内容，可以推断出完备的薪资管理机制能够帮助新疆油田公司在人员绩效激励方面起到促进员工积极工作的作用，提高实际的

工作效率进而提升新疆油田公司在外部市场项目整体的运作实力。此外还应加强沟通反馈，通过满意度调查、一对一面谈等方式收集基层反馈信息，及时调整和优化薪酬管理办法。

表 2.24　国内项目经营管理人员解决的管理制度分析

队伍类型	参与国内/国外项目	完善管理制度	频数	占比（%）
经营管理人员	国内项目	完善人员薪资管理办法	5	45.4
		员工休息制度的完善	4	36.4
		完善员工晋升通道	1	9.1
		人员接替激励机制完善	1	9.1
		合计	11	/

（2）专业技术人员书面调研统计分析

① 国外项目参与人员分析。

一是培养路径维度。

困难或挑战方面，汇总有效信息共计 72 条，见表 2.25。国外项目专业技术人员认为困难或挑战主要集中在专业技术薄弱、流程不熟悉和外语能力低两方面。结合前期访谈内容来看，专业技术能力的薄弱，集中体现在承接外部项目时面临的合规性挑战：当项目需要遵循目标市场的技术规范和法律法规时，基于过往经验的技术方案难以满足项目的持续运行的实际需求。这种能力缺口客观上要求项目团队系统学习并严格遵循目标市场的技术标准与法规体系，以构建符合当地监管要求的技术实施框架。流程不熟悉可能是因外部项目管理模式与过往项目管理存在较大差异，需要适应不同的管理理念和流程，同时还可能存在跨文化沟通障碍，需要专业技术人员克服文化障碍，确保信息沟通反馈的准确性。外语能力低结合前期外语取证情况所反应的结果来看，主要存在两方面因素，一方面对于石油技术专业相关英语内容学习缺乏摸排分析，导致在项目运行过程中增加了学习成本；另一方面在非语言沟通中，由于文化背景和表达习惯的差异，非语言沟通（如肢体语言、面部表情等）也可能成为沟通障碍。

表 2.25 国外项目专业技术人员困难或挑战分析

队伍类型	参与国内/国外项目	困难或挑战	频数	占比（%）
专业技术人员	国外项目	外语能力低	15	20.9
		专业技术薄弱、流程不熟悉	24	33.3
		现场经验不足	3	4.2
		工作量大，人员不够	9	12.5
		沟通协调能力弱	5	6.9
		生活环境艰苦	2	2.8
		设备设施问题（故障、维修、原理、参数、老旧、配备不全）	1	1.4
		项目管理能力	6	8.3
		市场开拓不足、市场秩序矛盾	6	8.3
		管理制度	1	1.4
		合计	72	/

采取的措施方面，国外项目专业技术人员采取的措施中，培训学习交流和沟通协调汇报占比最大，两项占比达 62.3%，见表 2.26 所示。结合前期访谈整理结果综合分析来看，专业技术人员的培训学习路径有以下三方面，一是需要新疆油田公司根据外部项目的工作场景进一步摸排各类专项培训需求，包括技术标准、规范、新材料和新工艺等；二是提升自我学习的主动性，利用在线课程、专业书籍和行业报告等资源，自主学习最新的技术和方法；三是与同行专家交流，参加行业会议和研讨会，拓宽视野，了解行业动态。在沟通协调和汇报方面分析，外部项目在整体运行过程中，随时都需要进行内、外部协调工作，内部协调需要确保各部门之间的协同工作，而外部协调需要多次定期向甲方汇报项目进展情况和成果，听

取意见和建议，同时协调解决合作过程中出现的问题和分歧，确保项目顺利进行。在汇报方面则更多的需要注意掌握汇报技巧，重点在于准备清晰、简洁的汇报材料，突出重点和亮点，使用图表、图片等可视化工具辅助汇报，提高汇报效果。

表 2.26　国外项目专业技术人员采取的措施分析

队伍类型	参与国内/国外项目	采取的措施	频数	占比（%）
专业技术人员	国外项目	参与技术竞赛	5	8.2
		加强外语学习	5	8.2
		培训学习交流	29	47.5
		请教有经验的同事	5	8.2
		沟通、协调、汇报	9	14.8
		管理制度	2	3.3
		参与重要工作	5	8.2
		团队稳定性	1	1.6
		合计	61	/

关键历练方面，国外项目专业技术人员认为参与项目运作、基层历练、科研课题研究等历练有较好的效果，见表2.27所示。结合前期访谈整理结果综合分析来看，参与项目运作能帮助专业技术人员提升项目管理能力，具体体现在制定项目计划、分配资源、监控进度和质量等，有助于掌握项目管理的核心技能，提高项目执行效率。同时提升跨部门协作能力，知道如何与不同背景的人员进行有效沟通和协作，增强团队合作精神。参与科研课题研究主要可以提升两方面能力，一方面可以帮助专业技术人员深入研究某一领域的前沿问题，加深对专业知识的理解和掌握；另一方面培养创新能力，在科研课题研究过程中需要不断探索和创新，有助于培养专业技术人员的创新思维和解决问题的能力。同时，在项目的投产建设、检修方面则能帮助专业技术人员积累实践经验，提高实际操作能力，

对投产建设过程中可能遇到的各种突发问题和挑战，进行快速分析、制定解决方案并实施，从而提升个人的专业能力和综合素质。

表 2.27　国外项目专业技术人员关键历练分析

队伍类型	参与国内/国外项目	关键历练	频数	占比（%）
专业技术人员	国外项目	参与项目运作	17	34.0
		参与科研课题研究	7	14.0
		参与竞赛	4	8.0
		基层历练	9	18.0
		方案编制	2	4.0
		培训交流学习	5	10.0
		参与投产建设、检修	6	12.0
		合计	50	/

现阶段发展路径方面，国外项目专业技术人员认为培训交流、管理制度学习在现阶段发展路径中有较好的效果，两项占比达 59.1%，见表 2.28。结合前期访谈整理结果综合分析来看，培训交流学习主要体现在两个方面，一是技术能力提升，通过系统的培训，专业技术人员可以学习到最新的行业标准、技术规范和最佳实践方式，掌握新工具和技术的使用，从而提高自身的专业技术水平。二是知识更新与拓展，定期的培训和交流活动可以帮助技术人员及时了解行业动态和技术发展趋势，参与跨部门、跨领域的培训交流还能拓宽技术人员的视野，促进不同知识领域之间的融合与创新。对于管理制度的学习可以起到两方面作用。一方面学习掌握项目管理的技巧和方法，学会科学地制定计划、分配资源和监控进度，提高项目质量和客户满意度；另一方面管理制度的学习有助于技术人员了解新疆油田公司的合规要求和风险控制措施，降低违规行为的发生概率，更好地识别和应对项目中的潜在风险，确保项目的顺利进行。如表 2.28 所示。

表 2.28　国外项目专业技术人员现阶段发展路径分析

队伍类型	参与国内/国外项目	现阶段发展路径	频数	占比（%）
专业技术人员	国外项目	培训交流学习	25	37.9
		职称评审渠道	10	15.2
		提高薪资待遇	9	13.6
		人文关怀	6	9.1
		海外安全要有保障	1	1.5
		累计工作经验	1	1.5
		管理制度	14	21.2
		合计	66	/

二是培养规划维度。

印象深刻的发展举措方面，国外项目专业技术人员更加关注知识技能培训和培训形式的多样性，两项占比高达 90.7%，见表 2.29 所示。结合前期访谈整理和问卷结果综合分析来看，专业技术人员更加注重根据项目工作场景实际需要，提供定制化培训课程，例如，对勘探评价、工程地质所需要的特定软件的操作培训、特定设备的维护或特定工艺流程的优化等进行专项培训，能够确保专业技术人员学习到最直接、最相关的知识和技能，提高培训的针对性和实效性。培训形式多样性更多的体现在实践导向培训、碎片化学习、持续性学习氛围营造等。实践导向培训倾向于实践操作和案例教学，通过模拟真实工作场景，技术人员可以更好地理解和应用所学知识；碎片化学习则更多利用在线学习平台进行自主化学习，通过提供视频教程、在线课程、论坛讨论等多种学习形式，满足不同技术人员的学习需求，提高学习的灵活性和效率；持续性的学习氛围旨在营造一种鼓励持续学习和自我提升的企业文化氛围，通过定期举办内部培训、分享会等活动，激发技术人员的学习热情和动力。

表 2.29 国外项目专业技术人员印象深刻的发展举措分析

队伍类型	参与国内/国外项目	印象深刻的培养发展举措	频数	占比（%）
专业技术人员	国外项目	知识技能类培训	46	53.5
		多样化培养培训方式	32	37.2
		海外业务安全形势培训	8	9.3
		合计	86	/

现阶段的培养举措方面，国外项目专业技术人员现阶段的培养举措更加认可技术、技能类培训和培训模式多样化这两种方式，两项占比达到 59.6%，见表 2.30 所示。根据上述印象深刻的培养发展举措和本项内容数据对比来看，整体情况趋于一致，得到专业技术人员的高度认可。同时也需要注意激发专业技术人员提升专业技术知识、能力，在营造学习氛围的过程中，要更加关注到专业技术人员的心理需要。结合马斯洛层次需求理论来看，获得内、外部相关人员对专业技术的认可是一种激发自我提升发展的最好手段，能帮助专业技术人员建立自信，实现个人价值的最大化并获得更多的成就感和满足感。

表 2.30 国外项目专业技术人员现阶段的培养举措分析

队伍类型	参与国内/国外项目	现阶段的培养举措	频数	占比（%）
专业技术人员	国外项目	专业技术、技能类培训	32	36.0
		实践锻炼	5	5.6
		后备人才储备	14	15.7
		提高培训针对性	8	9.0
		培训模式多样化	21	23.6
		企业文化精神	3	3.4
		健全配套激励机制	6	6.7
		合计	89	/

三是人才发展因素维度。

渠道引进人才方面，国外项目专业技术人员认为通过内部培养和社会化招聘是较为有效的人才引进渠道，综合占比达到81.2%，见表2.31所示。结合前期访谈整理和问卷结果综合分析来看，内部人才培养的优势主要体现在两个方面。一是内部培养的人才熟悉企业文化、价值观和工作流程，能够更快地融入团队并发挥作用，有助于减少沟通障碍，提高团队协作效率；二是通过内部培养的员工往往对企业有更深的归属感和忠诚度，有助于降低员工流失率，保持团队的稳定性。社会化招聘的优势，根据推断主要体现在以下三个方面。一是社会化招聘可以通过多种渠道吸引来自不同背景、具有不同技能和经验的候选人，为新疆油田公司带来新鲜血液和创新思维；二是引入新的观点和技能，可能带来新的行业趋势、技术知识和管理经验，有助于新疆油田公司拓宽视野、提升竞争力；三是促进组织变革，打破原有的工作模式和思维定式，推动组织进行必要的变革和创新。通过上述的推断分析，人才队伍的稳定性对企业文化的认同显得尤为重要，因此在实际选人、用人、育人阶段还需要多方沟通交流，建立健全人才引进的考核机制，从而保证外部项目持续、高效的运作。

表2.31 国外项目专业技术人员渠道引进人才分析

队伍类型	参与国内/国外项目	渠道引进人才	频数	占比（%）
专业技术人员	国外项目	社会化招聘	15	31.2
		内部培养	24	50.0
		高校特招	9	18.8
		合计	48	/

解决的管理制度方面，国外项目专业技术人员在解决管理制度方面更加关注海外人员薪资管理办法、完善员工晋升通道和健全外

部市场管理制度三个方面的内容，综合占比达到84.5%，见表2.32所示。结合前期访谈整理和问卷结果综合分析来看，国外项目专业技术人员更期望的是激励措施的多样化，如薪资待遇、职业发展机会、带薪休假等举措，从而能更好的激发员工对待工作的积极性和创造力。在外部市场管理制度方面，能看出国外项目专业技术人员同样关注项目本身运行的稳定性，对于外部项目敏捷管理机制、流程建设等迫切需要进行进一步完善，不断提升项目的管理效率和效果。

表2.32 国外项目专业技术人员解决的管理制度分析

队伍类型	参与国内/国外项目	解决的管理制度	频数	占比（%）
专业技术人员	国外项目	完善海外人员薪资管理办法	19	42.3
		员工休息制度的完善	6	13.3
		完善员工晋升通道	10	22.2
		健全外部市场管理制度	9	20.0
		增加培训	1	2.2
		合计	45	/

② 国内项目参与人员分析。

一是培养路径维度。

困难或挑战方面，国内项目专业技术人员认为面临的困难或挑战主要涉及设备设施问题、专业技术薄弱且流程不熟悉、沟通协调能力弱三方面内容，占比达到55.6%，见表2.33所示。结合前期访谈整理和问卷结果综合分析来看，设备故障与维修问题可能存在两个方面原因，一是设备故障后配件供应无法满足现场实际需要，存在维修周期长、花费时间寻找合适替代品从而导致延误项目进度等情况；二是专业知识或培训不足，专业技术人员对于设备的理解停留在表面，对其工作原理、故障诊断和排除等方面缺少专项的培训和实践操作。管理流程不熟悉可能是因国内项目管理流程复杂、部分专业技术人员对项目管理流程不够熟悉，在各个环节中承担的职责和任务不清。沟通协调能力弱可能存在两个方面的原因，一是跨部门内部沟通不畅，不同专业背景的人员之间可能存在沟通障碍，专业技术人员通常习惯使用专业术语和技术语言进行交流，而对于其他非技术人员来说，这些术语可能难以理解。这就导致了在项目讨论和决策过程中，技术人员的意见无法得到充分的表达和理解，影响项目的协同效果。二是对外沟通能力不足，在与项目相关的外部单位，如供应商、甲方、监理等进行沟通时，也存在一定的困难。专业技术人员可能缺乏与甲方沟通的技巧和方法，无法准确理解甲方的需求和反馈，也不能很好地向甲方解释技术方案和设备性能。与供应商的沟通中，也可能因为对市场行情和供应商能力了解不足，而导致采购的设备不符合要求或价格不合理。

表2.33 国内项目专业技术人员困难或挑战分析

队伍类型	参与国内/国外项目	困难或挑战	频数	占比（%）
专业技术人员	国内项目	生活环境艰苦	1	2.8
		工作量大，人员不够	3	8.3
		沟通协调能力弱	5	13.9
		外语能力低	3	8.3
		设备设施问题（故障、维修、原理、参数、老旧、配备不全）	8	22.2
		专业技术薄弱、流程不熟悉	7	19.5
		现场经验不足	2	5.6
		工作制度、方法的不同	3	8.3
		市场开拓不足、市场秩序矛盾	4	11.1
		合计	36	/

采取的措施方面，国内项目专业技术人员针对上述内容采取的主要措施是多方沟通交流，占比达到75%，见表2.34所示。结合前期访谈整理和问卷结果综合分析来看，专业技术人员在国内项目运行过程中通过实践基本形成一套内部沟通交流机制，可主要归纳为两个方面因素，一是建立信任开放的沟通环境，积极营造开放的沟通氛围，鼓励技术人员主动表达自己的意见和建议，不要害怕提出异议或质疑；通过定期组织团队建设活动、开展技术讨论会等方式，增强团队成员之间的信任和合作精神，让大家能够在轻松的环境中畅所欲言。二是定期进行信息反馈，通过定期沟通会议或主动收集甲方、供应商等相关方反馈意见，了解需求和建议，及时反馈项目进展。

表2.34　国内项目专业技术人员采取的措施分析

队伍类型	参与国内/国外项目	采取的措施	频数	占比（%）
专业技术人员	国内项目	加强外语学习	1	3.1
		身心健康	1	3.1
		参与技术竞赛	1	3.1
		多方沟通交流	24	75.0
		工作模式改进	1	3.1
		参与重要工作	3	9.5
		团队稳定性	1	3.1
		合计	32	/

关键历练方面，国内项目专业技术人员认为关键历练主要是参与项目运作和培训交流学习，占比达到67.7%，见表2.35所示。结合前期访谈整理和问卷结果综合分析来看，国内、外项目的专业技术人员整体情况趋于一致，得到高度认可，可能存在两方面原因。一是专业技术人员参与项目全流程，项目初期协助进行技术可行性

分析和需求调研，为项目的决策提供技术支持；项目实施阶段，负责设备设施的安装、调试、运行维护等工作，确保项目按计划推进；在项目后期，参与验收和工作总结，对项目中的技术问题进行分析和反思，积累经验教训。二是专业技术人员通过内、外部学习交流掌握设备操作、维护保养、故障诊断与排除、新技术应用等方面的知识，拓宽视野、更新观念，提高自己的创新能力和竞争力，同时在案例学习中获取成功的经验和方法，对案例进行深入的讨论和分析，探讨更好的解决方案和方法，提高团队的整体技术水平。

表 2.35　国内项目专业技术人员关键历练分析

队伍类型	参与国内/国外项目	关键历练	频数	占比（%）
专业技术人员	国内项目	参与项目运作	18	52.9
		培训交流学习	5	14.8
		基层历练	4	11.8
		参与科研及研究	1	2.9
		参与竞赛	3	8.8
		职称评审	3	8.8
		合计	34	/

现阶段发展路径方面，国内项目专业技术人员发展路径更多关注在培训交流学习方面，如表 2.36 所示。结合前期访谈整理和问卷结果综合分析来看，国内项目专业技术人员在项目运行阶段以"多面手"的身份发挥自身作用，一方面需要对于本专业内容具备丰富的专业知识和技能，能够解决现场实际生产问题；另一方面需要具备跨专业的知识技能，协助相关专业技术人员解决现场突发的生产技术难题。与此同时，还需要具备一定的沟通交流能力，能和甲方、内部管理部门、供应商等相关方进行现场情况汇报、意见收集和信息反馈等。

表 2.36　国内项目专业技术人员现阶段发展路径分析

队伍类型	参与国内/国外项目	现阶段发展路径	频数	占比（%）
专业技术人员	国内项目	培训交流学习	5	45.4
		提高薪资待遇	4	36.4
		管理制度	2	18.2
		合计	11	/

二是培养规划维度。

印象深刻的培养发展举措方面，国内项目专业技术人员印象深刻的培养发展举措主要聚焦在多样化的培养培训方式，占比达到69.6%，见表2.37所示。国内、外项目的专业技术人员整体情况趋于一致，由此可以推断出，国内专业技术人员迫切需要将培训形式与工作业务场景结合，具体体现在两个方面。一是专业认证培训，新疆油田公司内部组织多期PMP取证培训、国家中级注册安全工程师取证培训等提升专业技术人员的任职资格条件；二是高精尖专业技术人才队伍打造，通过"走出去、请进来"的方式开展专项培训，组织员工外出培训，邀请专家现场授课学习专业理论知识。同时采取以老带新的方式，选择有经验的老员工手把手式教学，激发专业人员的学习积极性，促进管理和施工技术提升。

表 2.37　国内项目专业技术人员印象深刻的培养发展举措分析

队伍类型	参与国内/国外项目	印象深刻的培养发展举措	频数	占比（%）
专业技术人员	国内项目	知识技能类培训	6	26.1
		多样化培养培训方式	16	69.6
		海外业务安全形势培训	1	4.3
		合计	25	/

现阶段的培养举措方面，国内项目专业技术人员对于知识技能类培训认可度较高，达到63%，如表2.38所示。综合各项原因分析

可以推断出，专项业务知识培训尤为重要。具体体现在三个方面内容。一是经验丰富的专业技术人员更多期望能与行业内专家、学者、教授等进行技术交流，了解行业的最新动态和发展趋势，拓宽视野和思路等；二是迫切需要通过优秀案例展示，拓宽自我的思维认知，更新自我的知识地图；三是岗位轮换，专业技术人员在不同岗位上进行轮换，接触不同的工作内容和技术要求，拓宽技术知识面。

表 2.38　国内项目专业技术人员现阶段的培养举措分析

队伍类型	参与国内/国外项目	现阶段的培养举措	频数	占比（%）
专业技术人员	国内项目	知识技能类培训	17	63.0
		提高培训针对性	2	7.4
		调研交流	3	11.1
		培训模式多样化	2	7.4
		后备人才储备	3	11.1
		合计	27	/

三是人才发展因素维度。

渠道引进人才方面，现阶段国内项目专业技术人员对于内部培养的认可度较高，达到 50%，见表 2.39 所示。国内、外项目的专业技术人员整体情况趋于一致，由此可以推断出，内部人才培养存在两个方面的优势。一是通过提供培训和发展机会，帮助员工提升技能和能力，而无需支付高额的招聘费用、薪酬待遇和适应期成本；同时内部员工对企业的熟悉程度高，能够更快地适应新的工作要求和环境，提高工作效率。二是内部培养的人才与企业的文化契合度更高，他们更容易融入团队，与企业的其他成员形成良好的合作关系。在项目实施过程中，文化契合度高的团队能够更好地沟通和协作，提高项目的执行效率和质量。

表 2.39　国内项目专业技术人员渠道引进人才分析

队伍类型	参与国内/国外项目	渠道引进人才	频数	占比（%）
专业技术人员	国内项目	社会化招聘	3	18.8
		内部培养	8	50.0
		高校特招	5	31.2
		合计	16	/

解决的管理制度方面，国内项目专业技术人员对于完善海外人员薪资管理办法关注度较高，如表 2.40 所示，结合国外项目专业技术人员结果分析来看，可能存在两个方面原因。一是对于相关补贴政策的补充完善关注度较高，在环境恶劣、条件艰苦地区工作的人员，通过提高适量的地区补贴提升员工工作的积极性；二是绩效与薪酬考核机制的完善，以"业绩升、薪酬升，业绩降、薪酬降"滚动原则，激励员工不断提高工作绩效。

表 2.40　国内项目专业技术人员解决的管理制度分析

队伍类型	参与国内/国外项目	解决的管理制度	频数	占比（%）
专业技术人员	国内项目	完善人员薪资管理办法	4	50
		员工休息制度的完善	1	12.5
		完善员工晋升通道	2	25
		健全外部市场管理制度	1	12.5
		合计	8	/

（3）技能操作人员书面调研统计分析

① 国外项目参与人员分析。

一是培养路径维度。

困难或挑战方面，国外项目技能操作人员认为主要的困难或挑战是专业技术薄弱、流程不熟悉，如表 2.41 所示，结合前期访谈整理和问卷结果综合分析来看，主要因素在于两个方面。一是在一些设备操作运行时，技能操作人员对于现场设备设施操作和维护不熟悉，可能会影响整个项目的进度和质量；二是在项目管理流程、技术标准、安全规范等方面存在差异。技能操作人员需要花费时间和精力去适应这些新的标准和规范，容易出现违规操作或不符合项目要求的情况。例如，在一些工程项目中，国外的施工标准和质量控制体系与国内存在较大差异，操作人员需要重新学习和适应。

表 2.41 国外项目技能操作人员困难或挑战分析

队伍类型	参与国内/国外项目	困难或挑战	频数	占比（%）
技能操作人员	国外项目	专业技术薄弱、流程不熟悉	4	66.6
		外语能力低	1	16.7
		管理制度	1	16.7
		合计	6	/

采取的措施方面，结合上述困难或挑战，国外项目技能操作人员比较认可的方式是培训学习交流，如表 2.42 所示，综合前期访谈整理和问卷结果分析来看，可能存在的原因有三个方面。一是安全生产培训学习，作为生产一线的核心岗位，加强安全意识和安全操作技能的培训能让技能操作人员了解安全风险和防范措施，适应不同的工作环境和操作规程要求；二是外语培训，通过外语水平提升培训，帮助技能操作人员提高语言能力，便于日常工作中的交流和协作，可以更好地与当地员工和管理人员沟通；三是跨文化沟通培训，帮助技能操作人员了解不同国家和地区的文化差异、价值观和工作习惯，提高他们的跨文化沟通能力。

表 2.42 国外项目技能操作人员采取的措施分析

队伍类型	参与国内/国外项目	采取的措施	频数	占比（%）
技能操作人员	国外项目	工作总结	1	16.7
		培训学习交流	3	50.0
		请教有经验的同事	2	33.3
		合计	6	/

关键历练方面,国外项目技能操作人员认为主要以参与项目运作更为合适,如表 2.43 所示,结合前期访谈整理和问卷结果综合分析来看,可能存在两方面原因。一是项目开始时,通过全面入场教育培训,包括项目背景、目标、安全规范、质量控制要求等,确保技能操作人员对项目有清晰的认识,了解项目的重要性和自己的职责;二是技能操作人员参与项目的验收和总结工作,理解工作成果和项目的最终效果,对项目过程中的问题和经验及时进行总结和反思,为今后的项目提供参考。

表 2.43 国外项目技能操作人员关键历练分析

队伍类型	参与国内/国外项目	关键历练	频数	占比(%)
技能操作人员	国外项目	培训交流学习	2	28.6
		参与科研及研究	1	14.3
		参与项目运作	4	57.1
		合计	7	/

现阶段发展路径方面,国外项目技能操作人员认为现阶段以培训交流学习为最佳路径,如表 2.44 所示,结合前期访谈整理和问卷结果综合分析,可发展路径有三条。一是本岗位专业技能提升,根据项目需求和技术发展趋势,开展针对性的专业技能培训,定期进行新工艺、新设备操作等方面的培训,确保技能操作人员掌握行业最新的技术动态和操作方法;二是管理技能培训,为有潜力的技能操作人员提供管理技能培训,培养他们的领导能力和项目管理能力,有助于提升技能操作人员在项目运作中发挥更大的作用,也为他们的职业发展开辟了更广阔的空间;三是对于技能操作经验丰富的人员,提供参与行业协会、专业论坛交流的平台,与同行业的人士进行交流和合作,拓宽技能操作人员视野。

表 2.44　国外项目技能操作人员现阶段发展路径分析

队伍类型	参与国内/国外项目	现阶段发展路径	频数	占比（%）
技能操作人员	国外项目	培训交流学习	4	40.0
		职业规划	2	20.0
		选拔人才	2	20.0
		提高薪资待遇	2	20.0
		合计	10	/

二是培养规划维度。

印象深刻的培养举措方面，如表 2.45 所示，由于本部分内容频数较低，结合前期访谈整理、问卷结果、过往培训经历综合分析来看，可发展的培养举措有三个方面。一是技能竞赛，技能操作人员通过新疆油田公司提供的技能竞赛平台展示自己的技能水平，同时也可以通过与其他选手的交流和比拼，学习到新的技术和方法。二是经验交流座谈，组织不同项目的技能操作人员进行跨项目交流，让他们分享在不同项目中的经验和教训。通过这种方式，技能操作人员可以了解到其他项目的成功做法和存在的问题，从而借鉴和应用到自己所在的项目中。三是场景操作演练，通过还原实际的项目场景，让技能操作人员在模拟环境中进行操作练习，由此提高他们的应对能力和实际操作技能。

表 2.45　国外项目技能操作人员印象深刻的培养举措分析

队伍类型	参与国内/国外项目	印象深刻的培养发展举措	频数	占比（%）
技能操作人员	国外项目	知识技能类培训	1	33.3
		培养培训方式	2	66.7
		合计	3	/

现阶段的培养举措方面，如表 2.46 所示，由于本部分内容频数较低，结合前期访谈整理、问卷结果、过往培训经历进行综合分析，可实施的现阶段培养举措有三个方面。一是安全知识训战结合培训，

定期组织安全知识培训，内容包括安全操作规程、危险因素识别、安全防护措施等，确保技能操作人员能够熟练掌握安全知识，提高安全意识；二是专项技能操作培训，针对国外项目的实际工作场景，定制设计课程内容，例如，国外电力运维项目，可以设计电力系统基本原理、电气设备安装与维护、电力故障排查等方面的知识，使技能操作人员能够系统地学习和掌握专业知识；三是外语水平培训，新疆油田公司定期组织国外项目技能操作人员进行外语提升培训，包括日常口语、专业术语培训，同时结合国外项目实际场景提供相关基本沟通技巧和常用语的学习，帮助技能操作人员在日常工作中更好地与当地同事和合作伙伴进行交流。

表 2.46　国外项目技能操作人员现阶段的培养举措分析

队伍类型	参与国内/国外项目	现阶段的培养举措	频数	占比（%）
技能操作人员	国外项目	知识技能类培训	4	66.6
		沟通协调能力	1	16.7
		后备人才储备	1	16.7
		合计	6	/

三是人才发展因素。

渠道引进人才方面，如表 2.47 所示，由于本部分内容频数较低，结合前期访谈整理、问卷结果综合分析来看，技能操作人员现阶段的路径主要以新疆油田公司内部人员转岗培训为主，同时通过问卷、内部谈话等方式，筛选出有意愿参与国外项目的技能操作人员，并安排他们参与实际项目工作。

表 2.47　国外项目技能操作人员渠道引进人才分析

队伍类型	参与国内/国外项目	渠道引进人才	频数	占比（%）
技能操作人员	国外项目	社会化招聘	1	25
		内部培养	2	50
		高校特招	1	25
		合计	4	/

解决的管理制度方面，如表2.48所示，由于本部分内容频数较低，结合前期访谈整理、问卷结果综合分析来看，技能操作人员更加关注新疆油田公司给予的激励机制，一方面在于薪资待遇的提升对个人的物质需要的满足，另一方面在于甲方、新疆油田公司内部管理人员对于技能操作人员在专业技能技术方面的认可，由此分析技能操作人员的激励机制更需要通过物质激励和业务认可的"双通道"方式进行补充完善。

表2.48　国外项目技能操作人员解决的管理制度分析

队伍类型	参与国内/国外项目	解决的管理制度	频数	占比（%）
技能操作人员	国外项目	完善海外人员薪资管理办法	1	50
		员工休息制度的完善	1	50
		合计	2	/

② 国内项目参与人员分析。

一是培养路径维度。

困难或挑战方面，国内项目技能操作人员认为主要的困难或挑战是专业技术薄弱、流程不熟悉，如表2.49所示，结合前期访谈整理和问卷结果综合分析来看，可归因于两方面因素。一方面在于技能操作人员对于现场设备设施的相关操作运用、维护及原理不够了解，项目前期交底或专项培训需求摸底时未进行全面梳理，导致技能操作人员进入现场后存在知识盲区；另一方面工作流程的复杂性和多样性，部分员工在短时间内难以掌握各种工作流程，导致工作效率降低。

表2.49　国内项目技能操作人员困难或挑战分析

队伍类型	参与国内/国外项目	困难或挑战	频数	占比（%）
技能操作人员	国内项目	沟通协调能力弱	3	10.3
		工作量大，人员不够	6	20.7
		生活环境艰苦	5	17.3

续表

队伍类型	参与国内/国外项目	困难或挑战	频数	占比（%）
技能操作人员	国内项目	外语能力低	4	13.8
		专业技术薄弱、流程不熟悉	7	24.1
		设备设施问题（故障、维修、原理、参数、老旧、配备不全）	3	10.3
		项目管理能力	1	3.5
		合计	29	/

采取的措施方面，国内项目技能操作人员认为针对上述困难或挑战采取的措施主要是通过培训学习交流，见表2.50所示，占比达到51.5%。结合前期访谈整理和问卷结果综合分析来看，可采取措施有两个方面，一方面开展关于设备设施、操作规程、安全应急演练专项培训，掌握现场设备设施的工作原理、操作流程、应急处置等培训内容；另一方面加强与供应商、技能专家等进行现场技术交流，积累现场实践经验，提升个人的综合技能水平。

表2.50　国内项目技能操作人员采取的措施分析

队伍类型	参与国内/国外项目	采取的措施	频数	占比（%）
技能操作人员	国内项目	培训学习交流	17	51.5
		沟通、协调汇报	4	12.1
		参与重要工作	9	27.3
		管理制度	3	9.1
		合计	33	/

关键历练方面，国内项目技能操作人员认为培训学习交流和参与技能竞赛是提升个人操作能力最主要的方式方法，见表2.51所示，占比达到71.4%。结合前期访谈整理和问卷结果综合分析来看，参与技能竞赛能帮助技能操作人员在短时间内快速提升个人的专业知识和竞技水平，积累竞赛实践经验，提高解决实际问题的能力。

培训交流学习则重点突出经验交流学习，包括现场经验交流座谈、专项技术推广以及相关技能取证培训等。

表 2.51 国内项目技能操作人员关键历练分析

队伍类型	参与国内/国外项目	关键历练	频数	占比（%）
技能操作人员	国内项目	参与技能竞赛	6	21.5
		基层历练	2	7.1
		方案编制	1	3.6
		培训交流学习	14	50.0
		参与投产建设、检修	2	7.1
		参与项目运作	3	10.7
		合计	28	/

现阶段发展路径方面，如表 2.52 所示，国内项目技能操作人员认为培训学习交流和管理制度是现阶段发展的主要路径，结合前期访谈整理和问卷结果综合分析来看，具体表现在两个方面。一方面，技能操作人员培训学习主要是以技能鉴定取证培训、专项技能实践培训、参与技能竞赛、重点工程项目实践等为核心的培养路径，对于技能操作人员的现场问题解决，突发状况应急处置能力等都有较大的提升；另一方面在于管理制度学习，了解相关的操作流程，现场突发事件的应急预案和应急演练要求等。

表 2.52 国内项目技能操作人员现阶段发展路径分析

队伍类型	参与国内/国外项目	现阶段发展路径	频数	占比（%）
技能操作人员	国内项目	培训交流学习	11	22.5
		职称评审的渠道	5	10.2
		提高薪资待遇	10	20.4
		人文关怀	6	12.2
		累计工作经验	3	6.1
		管理制度	11	22.5
		选拔人才	3	6.1
		合计	49	/

印象深刻的培养发展举措方面，国内项目技能操作人员印象深刻的培养发展举措主要是培养培训方式的多样化，见表2.53所示，占比达到52.5%。结合前期访谈整理和问卷结果综合分析来看，技能操作人员认可的方式主要包括岗位交流实践、短期定向培养、案例分析与分享等。岗位交流实践有助于技能操作人员接触不同的工作岗位和业务流程，提升员工的综合素质和适应能力，培养全局视野；短期定向培养有助于针对项目中存在的技能缺口或薄弱环节，进行有针对性的培训，确保技能操作人员能够胜任关键岗位和复杂任务；案例分析与分享有助于技能操作人员对工作中遇到的成功案例或失败教训进行集体的讨论和反思，共同学习和提升。

表 2.53　国内项目技能操作人员印象深刻的培养发展举措分析

队伍类型	参与国内/国外项目	印象深刻的培养发展举措	频数	占比（%）
技能操作人员	国内项目	知识技能类培训	17	42.5
		多样化培养培训方式	21	52.5
		海外业务安全形势培训	2	5
		合计	40	/

现阶段的培养发展举措方面，针对现阶段培养发展举措，最为合适的是知识技能类培训，如表2.54所示。国内、外项目的技能操作人员整体情况趋于一致，可以推断出技能操作人员的培养核心是提升技能操作水平。围绕这一主体重点需要聚焦现场实践经验萃取，新设备、新技术、新工艺的培训学习，现场操作流程优化等方面。同时通过科学设计培训内容、选择合适的培训方式以及进行有效的培训效果评估，进而不断提升技能操作人员的专业能力和综合素质。

表 2.54　国内项目技能操作人员现阶段的培养发展举措分析

队伍类型	参与国内/国外项目	现阶段的培养举措	频数	占比（%）
技能操作人员	国内项目	知识技能类培训	10	28.6
		岗位业务培训	2	5.7
		培训模式多样化	9	25.7
		安全类	1	2.9
		提高培训针对性	2	5.7
		激励机制	5	14.3
		后备人才储备	6	17.1
		合计	35	/

二是人才发展因素维度。

渠道引进人才方面，国内项目技能操作人员认为引进人才的主要形式为内部培养，如表 2.55 所示，结合前期访谈整理和问卷结果综合分析来看，主要有两个方面因素。一方面，增强企业的凝聚力和向心力，内部筛选的储备人员有助于形成统一的企业文化，增强员工的归属感和忠诚度，降低企业价值观培养成本；另一方面，内部培养能够为企业培养出熟悉业务和文化的核心人才，能够更好地适应企业的发展需求。

表 2.55　国内项目技能操作人员渠道引进人才分析

队伍类型	参与国内/国外项目	渠道引进人才	频数	占比（%）
技能操作人员	国内项目	社会化招聘	3	30
		内部培养	4	40
		高校特招	3	30
		合计	10	/

解决的管理制度方面，国内项目技能操作人员更加关注完善人员薪资管理办法，如表 2.56 所示，结合前期访谈整理和问卷结果综合分析来看，主要关注因素有两个。一是需要更加完善的人员物质

待遇，具体体现在合理的激励机制方面，能更好的实现按劳分配，多重激励政策并存等形式；二是适配激励机制的考核评估制度，定期对人员业务工作质量、效率、甲方评估结果匹配激励考核机制，增强员工现场作业的积极性和满意度。

表 2.56 国内项目技能操作人员解决的管理制度分析

队伍类型	参与国内/国外项目	解决的管理制度	频数	占比（%）
技能操作人员	国内项目	完善人员薪资管理办法	6	60
		员工休息制度的完善	3	30
		健全外部市场管理制度	1	10
		合计	10	/

（4）国外对外业务人员整体现状分析

在上述一对一书面调研结果分析中，对国外对外业务人员整体现状分析如下：

① 困难或挑战。经营管理类人员受困于公司内部统一流程与国外项目敏捷管理需求的矛盾，响应滞后。专业技术类人员在国外项目新工艺、新技术与设备设施衔接时缺乏指导，岗位综合要求高致使角色转换缓慢。技能操作类人员对新工艺、新流程陌生，国内无对应指导且需自学设备英文标识等以提升自我。

② 采取的措施。经营管理类人员主要通过内部沟通、协调协商解决；专业技术类人员借助与专家交流、网上查询资料、向厂家技术人员请教等方式解决；技能操作类人员依靠学习厂家基础资料、与技能专家交流提升操作水平。对外业务人员在面对挑战时要具备主动求解的意识，选人时应注重其主动思考与问题解决的能力。

③ 关键历练。经营管理类聚焦项目投产建设、管理及团队运作等；专业技术类集中于重点工程相关技术支持、轮岗课题研究与方案编制；技能操作类专注现场生产运维。不同岗位工作性质决定其所需能力差异显著，人员备选应精准匹配对应能力，如经营管理类

侧重项目与团队管理，专业技术类倾向技术创新与沉淀，技能操作类注重执行力与安全意识。

④ 现阶段发展路径。经营管理类通过岗位总结、业务单位交流及国外项目管理锻炼成长；专业技术类着重语言、专业知识培训，专家厂家技术交流与成果评比；技能操作类侧重技能培训与现场学习交流。项目后备人员选择与培训可参照此路径，以场景化培训为核心做好保障工作。

⑤ 印象深刻的培养发展举措。经营管理类注重外语及语言沟通培训；专业技术类重视外语、跨专业知识培训与现场传帮带；技能操作类聚焦技能操作脱产培训。对外项目成长需个人知识技能的不断提升与专家实践指导，培训设计应纳入专家指导方案，利用经验萃取与行动学习实现有效传帮带。

⑥ 现阶段的培养举措。经营管理类集中于对外贸易实务、项目管理与合规法律培训；专业技术类与技能操作类侧重认证培训、项目观摩学习与技术交流。这些可作为后期对外业务人员培训形式、效果评估等提供参考与指导路径。

⑦ 渠道引进人才。经营管理类与技能操作类倾向于社会化招聘与内部培养；专业技术类认为可通过业务单位研究机构引进、内部公开选聘与高校专业特招。总体上对外业务人才引进侧重内部培养与公开选聘，以保障项目交付质量与团队文化建设。

⑧ 解决的管理制度。经营管理类强调完善外部市场管理机制以适配项目运行；专业技术类与技能操作类主张健全成果评比与个人成长培养机制。可见对外业务人员关注管理机制对项目的适配性及个人成长需求，对未来管理机制与个人成长激励有更高的期望。

（5）国内对外业务人员整体现状分析

在上述一对一书面调研结果分析中，对国内对外业务人员整体现状分析如下：

① 困难或挑战。经营管理类面临管理制度难适配国内其他地区管理要求的困境；专业技术类需承担合同外工作且对工艺流程与现场问题认知不足；技能操作类存在专业知识盲区且不熟悉设备设施操作流程等问题。根源在于制度建设缺乏对外项目管理流程普适性考量以及前期人员培训的缺失。

② 采取的措施。经营管理类主要通过与现场及管理人员沟通协调解决；专业技术类主要通过与甲方进行经验交流、查询案例及论文学习；技能操作类主要通过与现场专家及生产厂家交流求解。对外业务人员遇到挑战应主动与各方沟通，选人应重视主动学习、沟通与问题解决等能力。

③ 关键历练。经营管理类着重基层历练；专业技术类聚焦重点工程投产建设与技术支持；技能操作类侧重技能大赛评比与业务单位的历练。不同岗位工作特性决定所需能力差异，人员备选应匹配相应能力，如经营管理类注重管理能力提升，专业技术类倾向创新意识与项目管理能力，技能操作类着眼技能沉淀。

④ 现阶段发展路径。经营管理类通过项目锻炼与能力提升培训发展路径；专业技术类侧重专项培训与任务实践；技能操作类聚焦复合工种技能培训与现场学习交流。规划项目后备人员的培训应以专项培训为核心，适配培训内容并设计学习交流机会，以便与专家多互动。

⑤ 印象深刻的培养发展举措。经营管理类集中于现场工作评估与项目管理培训；专业技术类重视设备技术大讲堂、专业技术培训与技术岗位轮岗锻炼；技能操作类聚焦现场作业、内部技能授课与取证培训。因此需个人综合业务能力不断提升、内外部专家交流指导以及经验转化传递。

⑥ 现阶段的培养举措。经营管理类通过实战培训强化经营管理能力；专业技术类普及跨专业知识并提升项目管理能力培训；技能操作类通过培训与实践相结合满足现场工作需求。为后期对外业务

人员培训形式、效果评估提供依据与行动指南，有力推动对外业务人员培养发展工作向更高水平迈进。

⑦ 渠道引进人才。经营管理类与技能操作类认为社会化招聘是人才引进的主要手段；专业技术类倾向内部培养与高校专业特招。总体上对外业务人才引进侧重内部培养与公开选聘以保障项目工程质量与人才储备。

⑧ 解决的管理制度。经营管理类注重完善外部市场管理机制以契合项目实际管理需求；专业技术类与技能操作类期望健全激励机制并重视文化建设与员工关怀。可以看出对外业务人员既关注管理制度对项目实施的匹配价值，也注重人文关怀助力项目生产。

三、对外业务人才（国内＋国外）现有人才库盘点

根据330名外部项目人员信息表，从国内外项目、人员性别、民族、年龄、学历情况、知识构成、岗位分布、职称分布、外语类型和婚姻情况出发，进行了基础信息的盘点分析。现阶段国内外项目分布总体情况如表2.57所示。

表2.57　国内、国外项目总数占比

名称	选项	频数	百分比（%）
项目名称	国内项目	7	30.43
	国外项目	16	69.57
合计		23	100.0

在公司海外业务中，国内项目为7项，占项目总数比例的30.43%；国外项目为16项，占项目总数比例的69.57%。

1. 对外业务人才（国外）现状盘点分析

（1）公司国外项目情况

从数据统计分析结果看出（表2.58），国外16个项目参与人员共计145人。其中尼日尔项目参与人员最多，共计55人，占国外项

目人员总数的 37.93%；参与哈萨克斯坦项目和土库曼斯坦项目技术支持项目人员较多，依次为 50 人和 27 人，分别占国外项目人员总数的 34.48% 和 18.62%。

表 2.58　新疆油田公司国外项目情况

名称	选项	频数	百分比（%）
项目名称	伊拉克	9	6.21
	中亚管道项目	4	2.76
	哈萨克斯坦	50	34.48
	土库曼斯坦	27	18.62
	尼日尔	55	37.93
合计		145	100.0

（2）族别分布情况

从数据统计分析结果看出（表 2.59），参与国外项目的 145 名员工中，大多数为汉族，共计 128 人，占国外项目人员总数的 88.28%；其余少数民族为哈萨克族、回族、土家族、满族、维吾尔族和锡伯族，分别为 6 人、1 人、1 人、1 人、6 人、2 人；分别占国外项目人员总数的 4.14%、0.69%、0.69%、0.69%、4.14% 和 1.38%。

表 2.59　民族分布情况

名称	选项	频数	百分比（%）
民族	哈萨克族	6	4.14
	回族	1	0.69
	土家族	1	0.69
	汉族	128	88.27
	满族	1	0.69
	维吾尔族	6	4.14
	锡伯族	2	1.38
合计		145	100.0

（3）年龄分布情况

从数据统计分析结果看出（表2.60，图2.3），参与国外项目的145名员工中，大多数人年龄范围在36～40岁之间，共计45人，占国外项目人员总数的31.03%；其次为41～45岁、46～50岁和31～35岁，其人数分别为26人、24人和22人，分别占国外项目人员总数的17.93%、16.55%和15.17%；51～55岁、30岁及以下和56岁及以上人员数量为少数，分别为12人、10人和6人，分别占国外项目人员总数的8.28%、6.90%和4.14%。

表2.60 年龄分布情况

名称	选项	频数	百分比（%）
年龄（岁）	30及以下	10	6.90
	31～35	22	15.17
	36～40	45	31.03
	41～45	26	17.93
	46～50	24	16.55
	51～55	12	8.28
	56及以上	6	4.14
合计		145	100.0

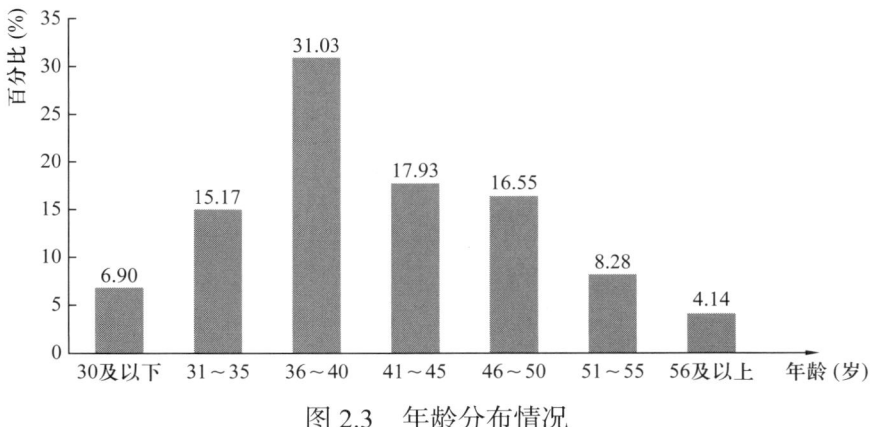

图2.3 年龄分布情况

（4）学历情况

从数据统计分析结果看出（见表 2.61），参与国外项目的 145 名员工中，学历为大学本科的人数较多，共计 116 人，占国外项目人员总数的 80.00%；其次为硕士研究生、大专生，其人数分别为 215 人、和 13 人，分别占国外项目人员总数的 10.34% 和 8.97%；学历为技校的人员仅为 1 人，占国外项目人员总数的 0.69%。

表 2.61 学历情况

名称	选项	频数	百分比（%）
学历	大专	13	8.97
	大学本科	116	80.00
	技校	1	0.69
	硕士研究生	15	10.34
合计		145	100.0

（5）知识构成情况

从数据统计分析结果看出（见表 2.62），参与国外项目的 145 名员工中，大多数员工的专业及知识构成为理学、工学类，此类专业人员共计 107 人，占国外项目人员总数的 73.79%；其次为管理学、经济学类，其人数为 21 人，占国外项目人员总数的 14.48%；技能操作类、计算机类和文学、法学类专业人员人数较少，分别为 1 人、8 人和 8 人，分别占国外项目人员总数的 0.69%、5.52% 和 5.52%。

表 2.62 知识构成情况

名称	选项	频数	百分比（%）
所学专业及知识构成	技能操作类	1	0.69
	文学、法学类	8	5.52
	理学、工学类	107	73.79
	管理学、经济学类	21	14.48
	计算机类	8	5.52
合计		145	100.0

（6）岗位分布情况

从数据统计分析结果看出（表2.63），参与国外项目的145名员工中，从事岗位类别中管理、监督类人员最多，共计68人，占国外项目人员总数的46.90%；其次为操作类人员，其人数为54人，占国外项目人员总数的37.24%；专业技术类较少，人员数量为19人，占国外项目人员总数的13.10%；市场营销类人员人数最少，仅有4人，占国外项目人员总数的2.76%。

表2.63 岗位分布情况

名称	选项	频数	百分比（%）
岗位	专业技术类	19	13.10
	市场营销类	4	2.76
	操作类	54	37.24
	管理、监督类	68	46.90
合计		145	100.0

（7）职称分布情况

从数据统计分析结果看出（表2.64），参与国外项目的145名员工中，67人无职称等级，占国外项目人员总数的46.21%；其次是职称等级为中级的人员，其人数为48人，占国外项目人员总数的33.10%；职称等级为副高级和助理级人员数量较少，依次为18人和12人，分别占国外项目人员总数的12.41%和8.28%。

表2.64 职称分布情况

名称	选项	频数	百分比（%）
职称等级	中级	48	33.10
	副高级	18	12.41
	助理级	12	8.28
	无	67	46.21
合计		145	100.0

（8）外语水平情况

从数据统计分析结果看出（表2.65），参与国外项目的145名员工中有128人主要学习的外语为英语，只有17人的外语为俄语。外语类型及成绩为英语B级的人员最多，共计80人，占国外项目人员总数的55.17%；其次为英语A级和俄语A级，人数为48人和16人，分别占国外项目人员总数的33.10%和11.04%；俄语B级人数最少，仅有1人，占国外项目人员总数的0.69%。

表2.65 外语水平情况

名称	选项	频数	百分比（%）
外语类型及成绩	俄语A级	16	11.04
	俄语B级	1	0.69
	英语A级	48	33.10
	英语B级	80	55.17
合计		145	100.0

（9）国外项目整体情况盘点

① 业务区域分布：集中于中东、中亚和非洲，以现场技术支持、课题研究、生产运维为核心业务，二级单位支持力度强，推动新疆油田海外品牌塑造与技术沉淀。

② 业务人员年龄：核心年龄段在36～50岁，后续应在30岁左右群体提前开展海外职业培养规划，做好潜力测评与海外项目意愿调研。

③ 业务人员学历：本科人员占比80%，基本满足当前海外市场需求，未来需提高硕士研究生学历比例，对内提升高学历人员综合素养，对外强化专业技术与项目管理能力，完善海外人才储备。

④ 业务人员知识构成：专业技术是优势，但管理学与经济学知识比重偏低，需针对性引进相关专业人才，以应对商务运作、市场开发、法律协助等业务需求。

⑤ 业务人员外语水平：已达集团俄语、英语要求，但在实际项目沟通交流、文献翻译、外语写作等应用场景中仍需专项培养，且常规培训应依据人员层级差异强化外语提升。

2. 对外业务人才（国内）现状盘点分析

（1）民族分布情况

从数据统计分析结果看出（表2.66），参与国内项目的112名员工中，大多数为汉族，共计88人，占国内项目人员总数的78.57%；其余少数民族为俄罗斯族、回族、维吾尔族、蒙古族和锡伯族，人员人数分别为1人、6人、14人、2人和1人；占国内项目人员总数的0.89%、5.36%、12.50%、1.79%和0.89%。

表2.66 民族分布情况

名称	选项	频数	百分比（%）
民族	俄罗斯族	1	0.89
	回族	6	5.36
	汉族	88	78.57
	维吾尔族	14	12.50
	蒙古族	2	1.79
	锡伯族	1	0.89
合计		112	100.0

（2）年龄分布情况

从数据统计分析结果看出（表2.67，图2.4），参与国内项目的112名员工中，大多数人年龄范围在36～40岁之间，共计38人，占国内项目人员总数的33.93%；其次为46～50岁、41～45岁和31～35岁，其人数分别为24人、21人和14人，占国内项目人员总数的21.43%、18.75%和12.50%；30岁及以下和51～55岁人员数量较少，分别为8人和6人，占国内项目人员总数的7.14%和

5.36%；56岁及以上人员数量最少，仅有1人，只占国内项目人员总数的0.89%。

表2.67 年龄分布情况

名称	选项	频数	百分比（%）
年龄（岁）	30及以下	8	7.14
	31～35	14	12.50
	36～40	38	33.93
	41～45	21	18.75
	46～50	24	21.43
	51～55	6	5.36
	56及以上	1	0.89
合计		112	100.0

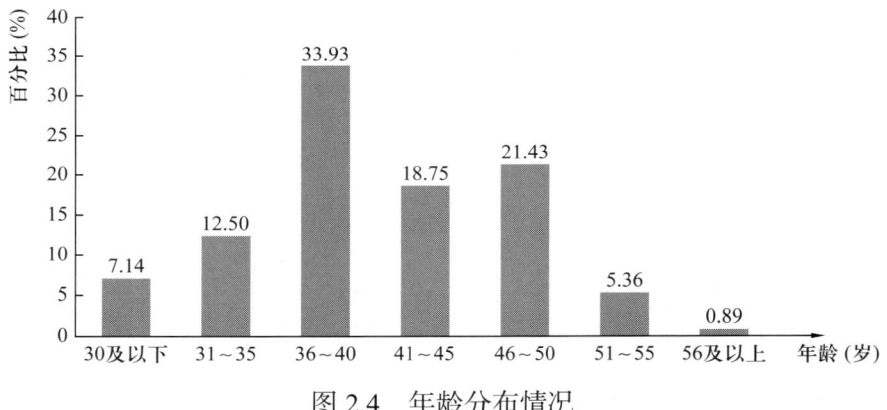

图2.4 年龄分布情况

（3）学历情况

从数据统计分析结果看出（表2.68），参与国内项目的112名员工中，学历为大学本科的人数较多，共计54人，占国内项目人员总数的48.21%；其次为大专生，人数为42人，占国内项目人员总数的37.50%；学历为中专、技校、硕士研究生和高中的人员较少，人数依次为9人、3人、2人和2人，分别占国内项目人员总数的8.03%、2.68%、1.79%和1.79%。

表 2.68　学历情况

名称	选项	频数	百分比（%）
学历	大学本科	54	48.21
	大专	42	37.50
	中专	9	8.03
	技校	3	2.68
	硕士研究生	2	1.79
	高中	2	1.79
	合计	112	100.0

（4）知识构成情况

从数据统计分析结果看出（表2.69），参与国内项目的112名员工中，大多数员工的专业及知识构成主要为理学、工学类，此类专业人员共计77人，占国内项目人员总数的68.75%；其次为管理学、经济学类，其人数为13人，占国内项目人员总数的11.61%；其他类、技能操作类、计算机类和文学、法学类专业人员人数较少，分别为7人、5人、6人和4人，分别占国内项目人员总数的6.25%、4.46%、5.36%和3.57%。

表 2.69　知识构成情况

名称	选项	频数	百分比（%）
所学专业及知识构成	其他	7	6.25
	技能操作类	5	4.46
	文学、法学类	4	3.57
	理学、工学类	77	68.75
	管理学、经济学类	13	11.61
	计算机类	6	5.36
	合计	112	100.0

（5）岗位分布情况

从数据统计分析结果看出（表2.70），参与国内项目的112名员工中，从事操作类人员最多，共计72人，占国内项目人员总数的64.29%；其次为管理、监督类人员，其人数为29人，占国内项目人员总数的25.89%；专业技术类较少，人员数量为11人，占国内项目人员总数的9.82%。

表2.70 岗位分布情况

名称	选项	频数	百分比（%）
岗位	专业技术类	11	9.82
	操作类	72	64.29
	管理、监督类	29	25.89
合计		112	100.0

（6）外语类型情况

从数据统计分析结果看出（表2.71），参与国内项目的112名员工中有82人无外语类型及成绩，占国内项目人员总数的73.22%；其次为英语B级，人数为28人，占国内项目人员总数的25.00%；英语A级人数最少，仅有2人，占国内项目人员总数的1.78%。

表2.71 外语类型情况

名称	选项	频数	百分比（%）
外语类型及成绩	无	82	73.22
	英语A级	2	1.78
	英语B级	28	25.00
合计		112	100.0

（7）国内项目整体情况盘点

① 业务人员年龄：核心年龄段为36~40岁，31~35岁人员占比12.5%，人员数量不足，不利于国内市场可持续发展，需提前布

局人员资源应用与整体市场规划。

② 业务人员学历：本科及以上学历占比 50.00%，专科及以下占 50.00%，人员学历结构整体均衡。应根据国内市场项目类型，提前规划人才培养方案，重点培养兼具理论和实践能力的复合型人才，为业务发展储备核心力量。

③ 业务人员知识构成：知识构成相对全面，但需结合业务布局、人员专业知识要求及国内外人员流通互补情况综合分析，优化人员配置。

④ 业务人员外语水平：仅 26.78% 人员取得外语证书，长远来看，国内市场人员经实践历练后可能纳入海外人才储备，应扩大外语水平能力认证比例，丰富对外人才资源库，提升人力资源整体效益。

第三章 对外业务人才能力模型构建及测评

第一节 对外业务人才（国内＋国外）能力模型构建

一、对外业务人才（国内＋国外）业务与岗位分析

结合前期新疆油田公司中层领导、基层领导面对面访谈，和相关资料的研读，对访谈资料进行汇总分析，应用资料分析编码及统计分析工具对新疆油田公司对外业务进行梳理，如图3.1所示。

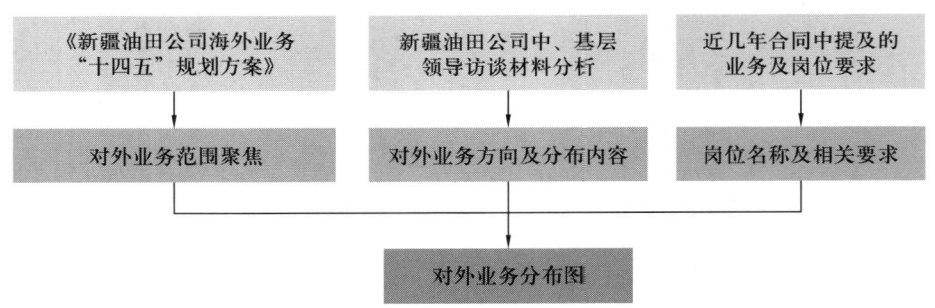

图3.1 对外业务及岗位分析

1. 对外业务人才（国内＋国外）业务分析

（1）相关资料分析

新疆油田公司在"十三五"期间整体对外业务结构（如图3.2所示）主要以现场技术支持、生产运维、设备出口和装备制造等为主。

现场技术支持方面：在中亚地区形成了固定的科研技术支持力量，成立了9个海外现场技术支持组，参与生产管理34个海外油气田。生产运维方面：承担油田现场水电系统生产、设备运行、油气水集输处理、采油、发供电、抢维修等多个领域服务工作。设备出口方面：为哈萨克斯坦几大油田提供注汽锅炉、水处理装置。井下机具方面：根据现场需求，设计并生产油田井下工具、管柱等设备及产品备件。

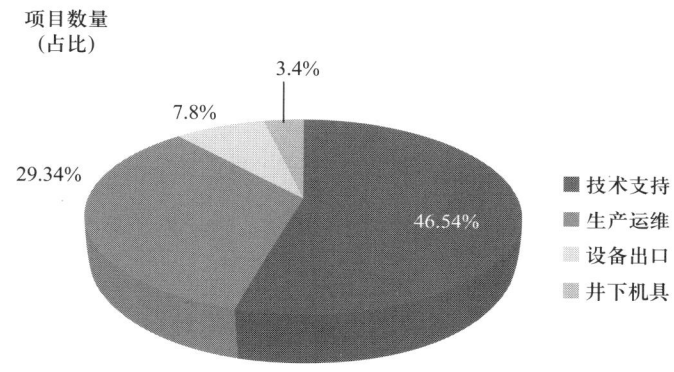

图 3.2 "十三五"期间公司海外业务结构

同时依据新疆油田公司"十四五"规划方案，在"十四五"期间，新疆油田公司依托中石油海外业务"搭船出海"，完善"做大做强亚洲市场，发展壮大中东市场，培育发展美洲、非洲市场"的大海外战略布局。

中亚地区主要以哈萨克斯坦为核心，规划业务范围以现场技术支持、课题研究、物联网建设、产品出口及培训等为支撑；非洲、美洲地区规划开拓尼日尔为核心，规划业务范围以生产运维、物联网建设、培训等为主。

通过对以上内容及相关材料的梳理，可以看出新疆油田公司对外业务市场服务范围在"十三五"发展的基础之上，从原有的生产运维、设备出口、技术支持等业务不断地横向扩展市场需求，提出以物联网建设、油气水处理、勘探评价等生产科研一体化为方向提供支持服务,从而带动新疆油田公司内部业务发展更新、技术迭代升级、人力资源进一步协调发展的新局面。

(2)新疆油田公司访谈材料分析

基于对新疆油田公司业务现状的全面考量,从单位业务性质、专业方向、负责内容等维度进行横向划分,同时依据各层级相关业务人员负责的内容进行纵向维度的初步设计划分,以此构建多方位、多角度的信息收集体系。

所涉及单位主要涵盖某研究院、某厂等5家单位。这些单位的业务范围广泛,包括工程技术支持、集输、井控、井下作业、设备管理、对外市场联络、对外业务人员管理、对外市场商务运作、项目管理、对外安全管理、科研课题研究、现场技术服务、外事翻译等诸多领域。

涉事相关业务分布于国内外。国外业务集中在土库曼斯坦、乌兹别克斯坦、哈萨克斯坦、巴基斯坦、伊拉克、加拿大、尼日尔等国家;国内业务则主要聚焦塔里木油田、大庆油田、南方公司等区域。业务方向丰富多样,有高附加值的技术支持、电力自动化、发供电;还有商务谈判及合同签订、地质工程一体化等方案编制;技术诊断及现场技术支持、外事翻译、连续油管等特色作业工艺;大型压裂工艺、设备加工出口、应急救援等。

2. 对外业务人才(国内+国外)岗位分析

对外业务人才岗位分析主要基于对新疆油田公司访谈材料、近几年签订的合同、对外人员储备信息等进行分析研究,结合公司三支队伍(经营管理类、专业技术类、技能操作类)进行详细划分,并参照国内、国外项目需求进行归类分析。

(1)新疆油田公司中、基层领导访谈材料分析

通过整理前期访谈材料,按照各单位业务性质进行了汇总梳理,其中:

某厂主要以油田生产运维方面的劳务输出及技术支持为核心，涉及的国外岗位有：自动化、俄语（发供电）、设备工程师、自动化工程师、机械工程师、安全监督工程师、采油监督工程师等。

某公司主要以内外部市场开拓、商务运作、商务谈判等业务为主，由于该单位业务在国内、国外基本一致，不再划分国内、国外市场，涉及主要岗位有：商务、内控、合同的招标投标、经营结算等。

某中心主要以服务国内市场为主，涉及的业务以连续油管特色工艺作业、大型压裂、设备机械加工、应急救援等为主，涉及的岗位有：基层管理干部、连续油管操作手等。

某研究院主要以中亚研究所为主，涉及的业务以服务中亚、中东等地区为核心，主营业务以科研课题研究、现场技术支持为主，由于本次访谈过程中相关领导并未提及具体岗位，由此不在本部分内容中体现。

（2）新疆油田公司储备人员信息分析

项目组根据提供的储备人员信息做了进一步的资料收集汇总，涉及相关单位及具体岗位如下：

某研究院涉及的岗位主要包含：油气田开发、地质勘探、管理岗、技术岗等。

某中心涉及的岗位主要包含：总工程师、安全总监、电焊工、队长、副队长、副经理、副科长、技术员、压裂酸化工、井下作业工、特车泵工、消防员、指导员等。

某公司涉及的岗位主要包含：成本核算岗、副经理、地质管理岗、对外贸易岗、法律事务岗、市场运营岗、外事翻译岗、项目公关岗、项目管理岗等。

某厂涉及的岗位主要包含：安全总监、采油工艺岗、采气高级监督、维修总监、线路作业高级监督、项目管理等。

根据以上四个部分信息,综合考虑各单位业务性质、队伍序列等,进一步整理形成《对外业务人才(国内+国外)发展规划研究》岗位分布表,如表 3.1 所示。其中相关单位不涉及的队伍序列不予展示。

表 3.1 《对外业务人才(国内+国外)发展规划研究》岗位分布表

序号	单位	队伍类型	国内项目岗位	国外项目岗位
1	某厂	经营管理	项目经理 片区长	HSE 科科长 综合科科长 运行总监
		专业技术	采油工程师岗 安全工程师岗 设备工程师岗	电厂运行监督 电气高级监督 电力运行监督
		技能操作	原油开采 集输处理 油田综合维护 电力维护	自动化技术 发供电运行(俄语) 电气仪表 机械维修
2	某公司	经营管理	/	外事翻译 法律事务
		专业技术	/	成本核算 地质管理
3	某中心	经营管理	后勤辅助 兼职安全员	/
		专业技术	井下作业技术员	/
		技能操作	井下作业工	/
4	某研究院	经营管理	/	外部市场项目经理 市场开发岗 综合管理岗
		专业技术	/	管柱技术专业工程师 机械采油专业工程师 稠油技术专业工程师

（3）对外业务关键岗位的确定

首先，项目组在听取有关人员的建议并依据《新疆油田公司海外业务"十四五"规划方案》报告内容，通过系统分析发现在现有阶段对外业务从事市场开发和商务运作的人员在外部市场开发、商务谈判、客户维护、项目管理、费用结算等过程中都需要大量的相关人员参与此项工作，同时与相关领导在交流过程中也提及市场开发和商务运作人员在实际项目管理中的重要作用，由此项目组确定市场开发及商务运作为新疆油田公司对外业务的关键岗位。其次，项目组在与相关领导沟通过程中发现，对外业务中对电站等相关电力维护业务需求量较大，结合国家近几年在新能源"双碳"战略规划中提出的政策要求，新疆油田公司在国内、国外业务上对电力相关专业的专业技术人员和技能操作人员需求量持续增加，由此项目组同多部门领导沟通交流确定电力运维作为新疆油田公司对外业务的关键岗位。最后，依据新疆油田公司近几年的规划布局，提出油气并举的生产经营理念，其中就包含了原油、天然气的勘探评价技术需要进一步的精准化、专业化和规模化，对于相关业务的对外人才提出了更高的综合能力要求，结合近期新疆油田公司领导的相关讲话材料，也使项目组发现各级领导对于资源的勘探评价和运行处理的关注度居高不下，工程地质一体化等储备人才培养逐年增加，由此确定勘探评价和天然气处理为新疆油田公司对外业务的关键岗位。

二、对外业务人才（国内+国外）能力模型构建路径

1. 能力模型构建的方法

将新疆油田公司对外合作国际化人才"任职资格标准+能力素质"（1+4评估模型，1个任职标准7项指标，4个维度28项指标）作为基础，见图3.3所示，结合三支队伍不同的特点，分别细化了经营管理、专业技术和技能操作的能力素质模型。

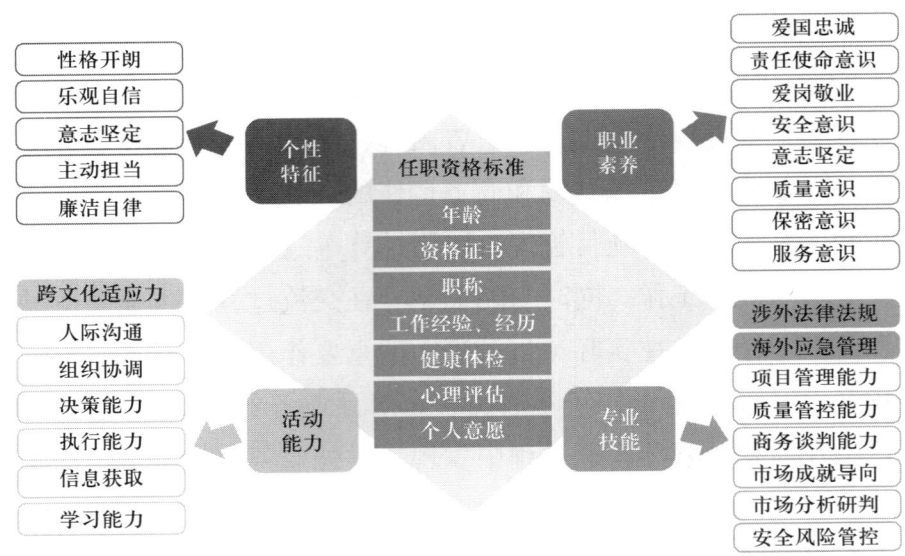

图 3.3 对外合作国际化人才"任职资格标准 + 能力素质"评估模型

对外业务人才（国内 + 国外）能力模型的构建采用人才画像的方式进行，如图 3.4 所示。人才画像是一套立体的人才标准，从多重因素出发，提炼萃取在岗位上能持续创造高绩效的员工的共性特征与优秀基因，既关注已有的行为、结果，还关注影响高绩效产出的未来潜力，是对岗位高绩效人群立体、全面的认识。将对外业务人才的岗位关键职责、岗位基本条件、岗位核心能力和岗位品质特质等因素进行分析和整理，形成一个完整的、具有代表性的对外业务人才画像。这个形象不仅是对个人的简单描述，而且是一个全面、真实、可靠、可操作性的信息汇总，帮助业务管理部门更好地管理人才和开展人才发展规划，协助企业对员工进行深入分析和评估，发现每个人才的独特性和潜力，为员工的职业发展提供指导和支持，同时也能助力企业更好地进行人才管理和组织发展规划。使用人才画像是为帮助企业更好地了解自身所需人才的特征、素质、能力等方面的信息，以便更有针对性地进行人才筛选、人才培训和人才储备等工作。通过制定人才画像，业务管理部门可以明确自身所需人才的具体要求，从而更好筛选出合适的人才，提高对外业务的整体人才素质和核心竞争力。

人才画像是分为显性因素、行为因素和底层因素三个层级。其中显性因素指的是岗位关键职责和岗位基本条件，这里提出的岗位关键职责是指岗位所需履行的核心工作任务，采用"少即是多"原则，重点聚焦在该岗位中80%的精力投入的地方，而非所有的工作任务。岗位基本条件是描述了胜任该岗位所需具备的硬性条件，包括学历水平、专业要求、资质要求、从业经验、过往绩效水平等岗位基本要求。在内外部配置、盘点等场景下通常用作硬性门槛进行筛选，具体需要结合企业实际进行选取。行为因素指的是岗位核心能力，也就是履行该岗位关键职责所需要具备的核心能力。底层因素是指岗位的品质特质，这个是根据绩效人员表现出的共性特点，提炼出具备哪些性格、动机、价值观特征的人更有可能在岗位上产出高绩效。

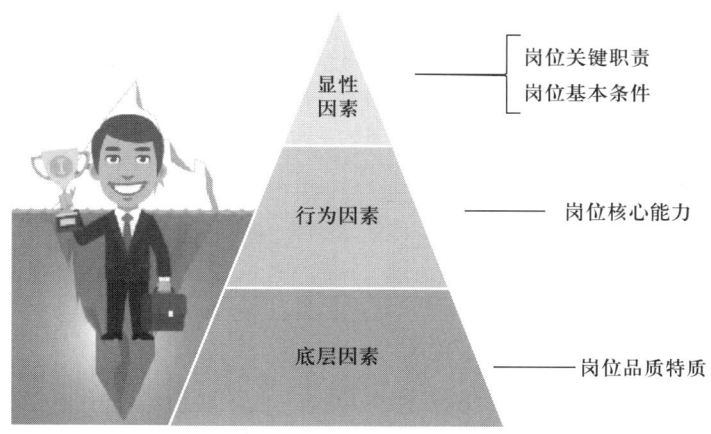

图3.4 对外业务人才（国内＋国外）能力模型构建方法（人才画像）

2. 能力模型构建的过程与内容

在人才画像构建中，通过对新疆油田公司内部战略规划、文化价值观以及现有相关收集到的资料进行研读和分析，聚焦三级副以上的关键人员的深度访谈结果，结合三支队伍相关人员的一对一书面问卷调研这三重视角提炼人才画像的内容，同时对标杆的岗位要求进行深入的研究，分析其中的可借鉴之处，形成关键的成果，再通过组织人员召开研讨共识会，收集多群体的反馈，达成内部共识。输出人才画像的具体内容，包括岗位关键职责、岗位基本条件、岗位核心能力三个方面。

①岗位关键职责提炼。

通过资料研读、深度访谈和一对一书面调研，如表3.2所示，分别对经营管理、专业技术和技能操作相关人员的岗位关键职责进行提炼，形成以下表中整合的岗位关键职责。

表3.2 三支队伍岗位关键职责提炼

岗位序列	关键职责
经营管理	业务拓展：国内/国际业务拓展，商务谈判、市场规划与维护 项目管理：项目运营（生产管理、安全管理、应急管理等） 团队管理：员工管理、队伍稳定、人才培养
专业技术	技术支持：现场技术支持、应急处理、相关技术培训 科研项目：进行科研课题研究，技术攻关 设备管理：专业物资、设备的采购、安装、维护、检修
技能操作	生产作业：井下生产作业（原油开采、集输处理等） 日常运维：设备巡检、维修与保障，油田综合维护 应急处理：突发事件处理、应急救援等

②岗位基本条件提炼。

通过资料研读、深度访谈和一对一书面调研，分别对经营管理、专业技术和技能操作相关人员的岗位基本条件进行提炼，形成岗位需要满足的基本条件，比如教育背景、工作经验、外语水平等，如图3.5所示。

①政治素质过硬。忠于祖国，自觉维护国家利益和民族尊严，认真贯彻党和国家的方针政策。遵守新疆油田公司的有关规定，组织观念强，遵守外事纪律。廉洁奉公，不谋私利。具有高度的事业心和责任感，忠于职守，尽职尽责。

②业务能力较强。具有国际竞争意识、经济效益观念和拟任岗位所需的知识、技能及经验。经营管理人员应具有与拟任岗位相适应的专业技术或管理水平。

③身体健康。无重大疾病史，身体状况能够满足出国工作的要求，并符合集团公司海外人员健康评估标准。现场施工作业的工人年龄超过55岁的，原则上不予派出。具体执行《中国石油天然气集团有限公司出国健康体检及评估管理规定》。

④外语能力。在海外岗位任职或派出时间超过90天的出国人员需通过集团公司海外人员外语水平考试。管理和技术人员需通过拟派往国家官方语言或英语A级考试，工人需通过拟派往国家官方语言或英语B级考试。参加其他国内外机构举办的公共外语水平考试，且成绩达到集团公司认可标准的，无需参加集团公司海外人员外语水平考试。

⑤防恐安全。参加集团公司统一组织的海外防恐安全和HSE培训，并取得合格证书。

图 3.5　对外业务人才（国内＋国外）岗位基本条件提炼

③岗位核心能力提炼。

通过资料研读、深度访谈、一对一书面调研以及测评机构指标库的对标，分别对经营管理、专业技术和技能操作相关人员的岗位关键能力进行提炼，形成管理业务、管理人际、管理团队和管理自我四个维度的核心能力库，如图3.6所示。

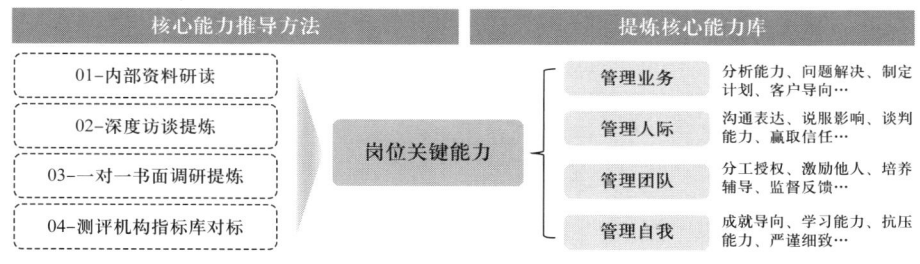

图 3.6　对外业务人才（国内＋国外）核心能力提炼

通过对《公司海外业务"十四五"规划方案》《中国石油天然气集团有限公司"十四五"员工教育培训规划》等相关资料进行研读，提取核心能力要求14项，如图3.7所示。

人才强企　对外业务人才培养能力模型构建

《新疆油田公司海外业务"十四五"规划方案》总体思路
认真贯彻落实国家、集团公司、油田公司总体工作部署，坚持"高质量、高效益"拓展海外业务，有利于"人才、技术、管理"一体化优势的发挥，有利于技术支持和海外业务服务体系的搭建，有利于提升海外业务市场开发能力、经营创效能力、风险防控能力、产业竞争能力。通过拓宽海外业务市场范围、上下延伸海外业务结构，达到海外业务规模不断扩大、创效能力不断提升、品牌影响力不断加强、安全环保业绩优良，切实扛起保障国家能源安全重任，助力公司国际化运营，支撑高质量发展。

《中国石油天然气集团有限公司"十四五"员工教育培训规划》
国际业务骨干人才。重点围绕专业知识、项目管理、跨文化沟通、外语等内容，采取集中培训、国际项目实战实训等方式，分类组织开展商务谈判、合同条款、经济评价、国际市场开发、国际项目管理等高端商务和专业骨干人才培训，每年400人。

《中国石油天然气股份有限公司对外合作项目管理办法》
中方项目(作业公司)负责人应具有较为丰富的技术和管理经验，组织协调能力强，熟悉石油合同和项目管理，具备适应岗位工作要求的外语沟通能力。……第八条　对外合作培训包括基本素质培训、岗位履职能力培训、业务创新能力培训。……业务创新能力培训是指为跟踪行业发展新趋势，创造业务发展需要，针对专门业务领域开展的，结合业务领域发展需要的培训。

发《中国石油天然气集团有限公司2021年国际业务社会安全和员工健康工作要点》的通知
完善应急方(预)案，开展宣贯演练。坚决开展海外项目应急预案备案审查，重点加强现场应急预案培训宣贯和应急演练，……推动海外应急救援中东分中心建设，建立工作机制，提升区域应急响应能力。……

资料研读提取的能力要求	
维度	能力要求
管理业务	市场开拓
	商务谈判
	经营创效
	安全意识
	专业精深
管理人际	沟通表达
	组织协调
	团队协作
管理自我	创新能力
	遵纪合规
	风险防控
	应急处置
管理团队	队伍管理
	团队凝聚

图 3.7　资料研读提取的能力要求

通过对访谈提及的能力要求进行归类与统计，梳理出4个维度17项能力要求，如图3.8所示。

关键人员深度访谈能力提炼			
访谈记录示例	能力要求		
譬如由于新冠肺炎疫情影响，在伊拉克、非洲等项目动辄一年以上的工作时间里，这些团队负责人不但圆满的完成了所负责的生产任务，在员工管理、队伍稳定方面都作出了优异的表现。南疆哈得项目初期，在面对甲乙方身份转换、工作方式极巨变化的情况下，团队负责人能在最短时间内适应新的工作环境和工作风格，确保了项目工作的顺利开展。	团队管理 队伍稳定 快速适应		
第一点是专业技术能力，专业能力。对外业务面临的方方面面需要协调解决的事情比较多，因此对协调能力有要求。第二点就是要自主学习能力强，了解北疆作业工艺流程的同时也要懂南疆的一些工艺流程。所以这种想学多一点的人，他们能更愿意来。第三点就是需要干工作比较主动的。	专业精深 协调能力 学习能力 积极主动		
围绕优势专业，结合甲方公司的需要，面向日趋复杂的现场工程难题，还是需要工程技术人员创新思维，新产品、新工艺研发力度。除去技术攻关方面的因素，我方还需在商务、法律法规、经营等管理人才方面加大培养和配备力度。	创新思维 问题解决		

深度访谈提取的能力要求		
维度	能力要求	编码频数
管理业务	市场拓展	11
	商务谈判	7
	项目运作	7
	问题解决	3
	危机应急	2
	安全意识	2
	总结汇报	1
管理人际	沟通能力	10
	组织协调	8
	团队协作	7
管理自我	坚韧抗压	9
	学习能力	7
	适应能力	7
	率先垂范	2
	独当一面	1
	创新思维	1
管理团队	队伍管理	4

图 3.8　深度访谈提取的能力要求

通过问卷调研收集三支队伍人员对岗位所需能力，以能力素质调研数据为主要输入，同时结合工作职责、知识技能、困难挑战等相关信息，综合统计三类岗位所需核心能力，形成专业技术岗位能力14项，经营管理岗位能力13项，技能操作岗位能力11项，如图3.9所示。

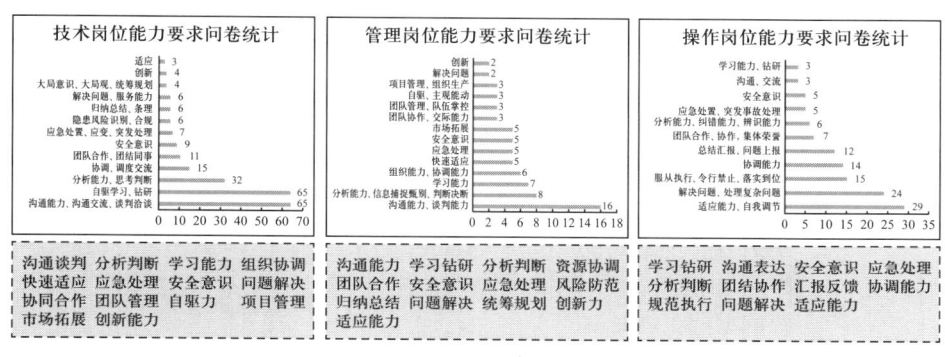

图 3.9 问卷调研提取的能力要求

以专业咨询机构对外部企业的研究和项目研究的实践经验为基准，分别对标了经营管理岗位能力 16 项、项目管理岗位能力 13 项、专业技术岗位能力 12 项、技能操作岗位能力 12 项、海外项目人才所需核心能力 4 项，如图 3.10 所示。

经营管理岗位	项目管理岗位	专业技术岗位	技能操作岗位	海外人才
前瞻思维 商业敏锐 全局意识 追求成效 分析能力 制定决策 问题解决 资源配置 经营关系 关心他人 知人善任 梯队建设 团队激励 成就导向 快速学习 以身作则	统筹规划 计划管理 追求成效 资源调配 组织协调 风险防控 人际影响 团队协作 敏捷学习 组建团队 识人用人 人才培养 激励他人	分析判断 问题解决 总结沉淀 逻辑思维 沟通协调 团队协作 独当一面 专家精神 学习钻研 严谨治学 创新思维 坚持不懈	目标理解 高效执行 分析问题 问题解决 应急处理 遵章守纪 安全意识 沟通表达 团结协作 工匠精神 持续学习 敬业尽责	灵活适应 开放包容 换位思考 坚韧抗压

图 3.10 测评机构指标库提取的能力要求

3. 对外业务人才能力模型

① 经营管理能力模型。

基于岗位关键职责，对经营管理核心指标进行了归纳汇总，整合梳理核心指标，形成经营管理岗位核心能力要求 6 项能力 17 个评价指标，具体内容见表 3.3。

表 3.3 经营管理能力模型

维度	能力项	定义	评价指标	定义
管理业务	经营创效	敏锐地洞察市场机会，积极主动进行市场开发，因地制宜制定经营策略以达成经营目标	市场开拓	对市场机会反应灵敏，能结合当地特点主动挖掘获取商机、项目，面对挑战性的市场变化环境能克服困难，不断开辟新的、可持续的业务增长点
			策略研判	思路清晰，在对信息进行深入分析和综合判断之后，能够考量并平衡全盘利益关系及影响，快速果断地做出高质量的决策
			创效增收	具备经营意识，能始终把握工作的方向和目的并制定翔实可行的工作计划，切实落地执行以促进效益提升
	项目管控	根据项目目标制定项目规划，及时有效解决项目中出现的各种问题，把控项目风险，做好安全生产管理，确保项目有序、按时、保质保量完成	统筹规划	从全局角度出发对项目进行系统思考，统筹配置内外部资源，确保项目整体布局和计划合理清晰，保证工作有条不紊地进行
			问题解决	以完成项目目标为出发点，面对问题能积极应对，全方位采用各种方法促进问题的解决，保证高效完成任务目标
			风险防控	风险意识与合规意识强，对政策法规敏感，项目运营中严把质量关与风险关，建立明确的风险监督和防范机制，防范风险产生，保证风险可控
管理人际	合作共赢	以共赢的心态理解各方立场和利益诉求，乐于通过积极沟通协调，建立和维护与相关方的信任关系，推动整体目标的实现	沟通谈判	能够精准了解他人需求和澄清自己的观点，灵活恰当地调整沟通策略，合理影响他人以达成谈判预期
			资源协调	清楚各类组织的运作方式，在遇到协同问题或冲突时能够迅速应对，有序进行内外部资源（人、财、物）的多方协调，确保项目顺利推进
			关系经营	具备人际敏感度，注重人际关系的构建与维护积累，能够快速与合作方、甲方等建立联系并形成互信关系，共同推动业务拓展与项目目标达成

续表

维度	能力项	定义	评价指标	定义
管理自我	担当进取	坚持高标准，追求高目标，以团队榜样的标准约束自己，积极快速学习，不断推动工作改善与目标达成	成就导向	对自身有更高的定位，乐于接受富有挑战性的目标，愿意承担更大的责任和压力并为之付出额外的努力
			率先垂范	具备责任意识和担当精神，通过自己的言行做好示范，带领团队攻坚克难，坚持不懈达成工作目标
			快速学习	愿意紧跟组织要求和环境变化主动学习，能够迅速掌握新的思想理念、技术方法、管理模式等并加以应用，善于总结经验和教训，力求使工作做得更好
管理团队	队伍稳定	关心员工，能够依据团队成员的特点进行合理分工，注重团队成员能力发展，积极打造团结稳定且富有激情的团队氛围	关注员工	主动关心留意团队成员的工作和生活，清楚下属的特点，分配工作任务时能够扬长避短，保持核心人才的工作热情与稳定
			发展他人	关注团队成员个人成长，愿意给予学习锻炼的机会并提供有针对性的培养辅导，帮助团队成员的工作能力和技术水平获得提升，不断输出优秀人才
			团队凝聚	采取合理有效的方式和手段提升团队成员工作投入度，凝聚团队士气，增强团队信心，带动团队战斗力
海外人才	文化融合	接纳理解多元文化，积极打破壁垒，适时自我调整以适应不同的工作方式与要求，求同存异	多元视角	以开放的心态理解多元文化，保持尊重与包容，能够打破本位思维模式，尝试从多方的角度和立场考虑与解决问题，换位思考，促进相互理解支持
			灵活适应	具有灵活开放的思维模式，主动拥抱变化，从容地处理和应对不熟悉的环境局面，能根据实际情况适当调整自己的行为，灵活采取措施，工作作风和方法适应不同的运营模式

② 专业技术能力模型。

基于岗位关键职责，对专业技术核心指标进行了归纳汇总，整合梳理核心指标，形成专业技术岗位核心能力要求 4 项能力 10 个评价指标，具体内容见表 3.4。

表 3.4　专业技术能力模型

维度	能力项	定义	评价指标	定义
管理业务	专业精深	专业敏感，能通过系统分析准确把握问题关键并采取有效措施应对，同时能够归纳总结经验以促进持续改善	分析判断	思路清晰，能够深入地分析评估问题或复杂情况，综合判断多种影响因素，推演出具有逻辑性的结论以利于制定完善的应对方案，推动问题的有效解决
			问题解决	针对各类问题能够迅速响应，采取恰当的措施，制定可操作的行动方案进行果断处理，保证高效完成任务目标
			风险识别	能准确识别或动态预测风险，注重各环节的合规性与风险防范，制定有效的应对方案，尽力规避风险或将影响降至最小
			专业沉淀	具备总结复盘意识，主动进行知识技术与科研成果的积累沉淀，举一反三地将总结的经验、方法运用于新的工作和任务当中，实现持续改进和优化
管理人际	协同合作	通过高效沟通与良好的团队合作，获取支持配合，达成工作目标	沟通协调	能采用恰当的方式和策略清晰地表达自己的观点，高效达成沟通预期的同时维持良好的工作关系，以获得各方及时有效的工作配合与资源支持
			团队合作	乐于与他人合作开展工作，能够打破壁垒互享信息，积极协同解决问题，促进工作任务或科研项目成果的顺利达成
管理自我	锐意进取	坚持高标准，追求高目标，不断学习钻研，精益求精	精益求精	在科研项目与技术突破方面有追求，乐于不断在专业上设立挑战性的目标，持续努力追求达到更高标准，致力于成为本专业的"专家"
			持续学习	具备钻研探究精神，对新技术或先进经验持开放心态，不断学习以适应新的工作要求，实现持续的自我提升

续表

维度	能力项	定义	评价指标	定义
海外人才	文化融合	接纳理解多元文化，积极打破壁垒，适时自我调整以适应不同的工作方式与要求，求同存异	多元视角	以开放的心态理解多元文化，保持尊重与包容，能够打破本位思维模式，尝试从多方的角度和立场考虑与解决问题，换位思考，促进相互理解支持
			灵活适应	具有灵活开放的思维模式，主动拥抱变化，从容地处理和应对不熟悉的环境局面，能据实际情况适当调整自己的行为，灵活采取措施，转变工作作风和方法适应不同的运营模式

③ 技能操作能力模型。

基于岗位关键职责，对技能操作核心指标进行了归纳汇总，整合梳理核心指标，形成技能操作岗位核心能力要求4项能力10个行为指标，具体内容见表3.5。

表3.5　经营管理能力模型

维度	能力项	定义	评价指标	定义
管理业务	安全生产	清晰任务要求，规范开展工作，做好风险防范应对，并能快速处置突发事件	任务理解	头脑清晰，能准确理解上级交办的工作任务和要求，可应用自身知识经验等对工作中的问题进行有效分析与快速处理，确保工作目标达成
			规范执行	严格遵守规章制度与工作准则，深刻理解和掌握工作安全要求，迅速高效执行上级布置的任务，确保工作任务保质保量地完成
			风险意识	工作中保持对风险的警觉，按要求反馈风险情况的同时能采取恰当的应对措施，保证风险事件的防范或及时有效解决
			应急处理	能够针对各类突发意外事件迅速响应，采取相应的对策、措施或方法进行果断处置，将风险和突发事件的影响降至最小

续表

维度	能力项	定义	评价指标	定义
管理人际	团结协力	通过高效沟通与通力的团队合作，推动工作任务达成	沟通反馈	能够采取合适的方式，清晰地表达自己的观点和想法，能够快速理解对方的谈话重点并给予及时恰当的回应以确保沟通的有效性
			合作意识	以实现团队整体目标为己任，明确自身在团队中的角色定位，能够与他人进行良好协作，共同努力推动工作任务的顺利达成
管理自我	勤勉笃行	坚持高标准，追求高目标，通过不断精进学习以提升自我，优化改进工作	持续精进	保持对本职工作的激情和活力，会为自己设置更高的工作标准和目标，能不断优化改进工作方法，提升工作质量，交付更优质的工作成果
			学以致用	能够针对当前工作遇到的问题和需求进行针对性学习，积极主动地多看、多问、多学、多干，将学习成果有效运用到实际工作中，脚踏实地向上成长
海外人才	文化融合	接纳理解多元文化，积极打破壁垒，适时自我调整以适应不同的工作方式与要求，求同存异	多元视角	以开放的心态理解多元文化，保持尊重与包容，能够打破本位思维模式，尝试从多方的角度和立场考虑与解决问题，换位思考，促进相互理解支持
			灵活适应	具有灵活开放的思维模式，主动拥抱变化，从容地处理和应对不熟悉的环境局面，能据实际情况适当调整自己的行为，灵活采取措施，工作作风和方法适应不同的运营模式

第二节　对外业务人才测评

一、对外业务人才测评介绍

结合业务管理部门提供的人员信息表和已建立的能力模型等内容，针对从事涉外业务的 11 家单位的 260 名对外业务人员开展人才测评，在整体测评实施过程中，通过作答时长、区分度和称许性三个维度对测评结果的有效性进行识别，最终通过数据统计分析得出有效测评数据 197 份，占比达 75.76%，测评结果能满足后期的应用研究。

二、对外业务人才（经营管理、专业技术、技能操作）测评分析

在本次对外业务人员测评过程中按照职务、级别、职称三个维度将现有人员进行区分，其中涉及经营管理类人员主要参考书记、经理、副经理、主管、高级主管等进行分类；涉及专业技术人员主要参考设备工程师、工艺工程师、电力工程师等职务，同时参考职称中工程师、助理工程师、技术员等进行分类；涉及技能操作人员主要参考高级技师、技师、高级工、中级工等职称进行归类，通过上述方式将现有对外业务人员划分，为进一步测评数据分析奠定基础。

1. 经营管理人员测评数据分析

本次经营管理类共计 26 人参与测评，涉及测评指标包含文化融合、队伍稳定、担当进取、合作共赢、项目管控和经营创效 6 个 1 级维度，同时涉及灵活适应、多元视角、团队凝聚、发展他人、关注他人、关注员工、快速学习等 17 个 2 级指标（如图 3.11 所示）。

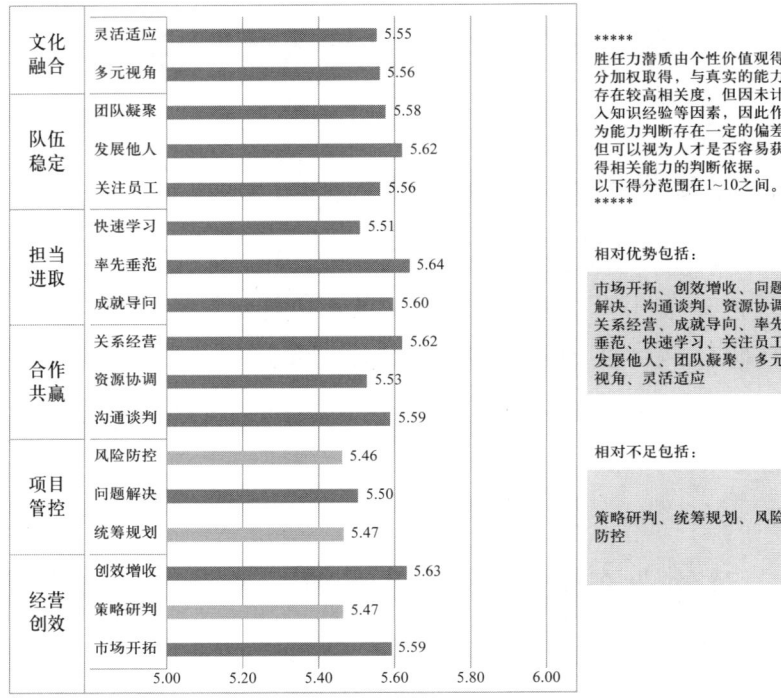

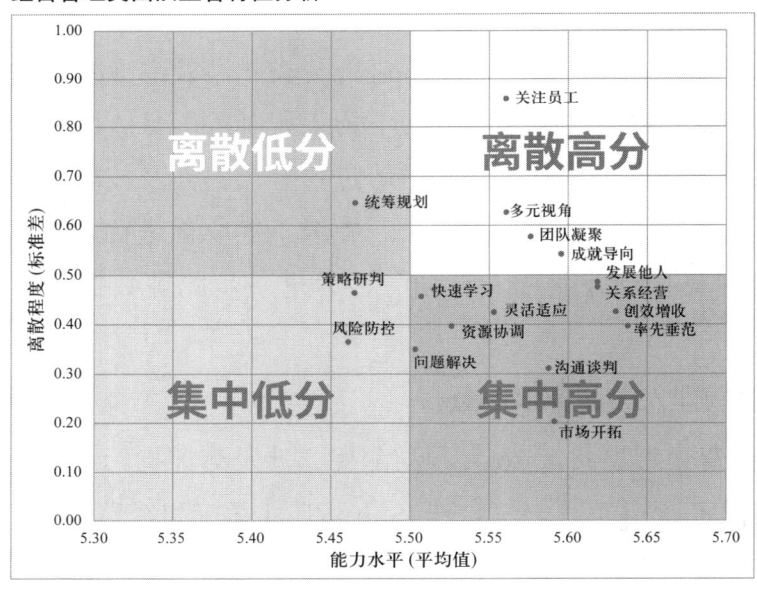

图 3.11 经营管理人员测评数据分析

根据团队测评报告数据结果显示，通过数据比对分析，以标准分 5.5 分作为平均分线，同时以本群体的常模为基础，经营管理人员相对优势能力主要体现在市场开拓、创效增收等能力指标；相对不足的能力主要集中在策略研判、统筹规划、风险防控。根据离散程度来看，集中高分主要为市场开拓、创效增收、问题解决、沟通谈判、资源协调、关系经营、率先垂范、快速学习、发展他人、灵活适应 10 个指标；在离散高分中，成就导向、关注员工、团队凝聚力和多元视角分值较高，但主要是个人经营管理人员的能力优势体现；在集中低分中，策略研判、风险防控分值较低，可以看出经营管理人员整体能力劣势较为突出；在离散低分中，统筹规划分值较低，可以看出个别经营管理人员不善于做结构化的设计和规划，在后期的选用过程中需要进行相关的团队优化配置分析（详见图 3.11）。

2. 专业技术人员测评数据分析

本次专业技术类共计 119 人参与测评，涉及测评指标包含文化融合、锐意进取、协同合作、专业精深 4 个 1 级维度，同时涉及灵活适应、多元视角、持续学习、精益求精、团队合作、沟通协调等 10 个 2 级指标（如图 3.12 所示）。

根据团队测评报告数据结果显示，通过数据比对分析，以标准分 5.5 分作为平均分线，同时参照本群体的常模为基础，专业技术人员相对优势能力主要体现在分析判断、问题解决等能力指标；相对不足的能力在本次测评中未体现。根据离散程度来看，集中高分主要为问题解决、风险识别、沟通协调、团队合作和灵活适应 5 个指标；在离散高分中，分析判断、专业沉淀、精益求精、持续学习、多元视角分值较高，主要是专业技术人员个人能力的优势体现；同时以本次专业技术人员测评数据来看，在集中低分、离散低分中，未显示出明显的劣势能力指标（详见图 3.12）。

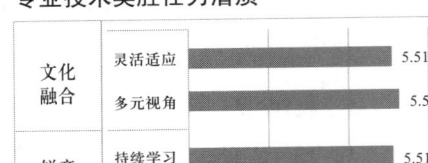

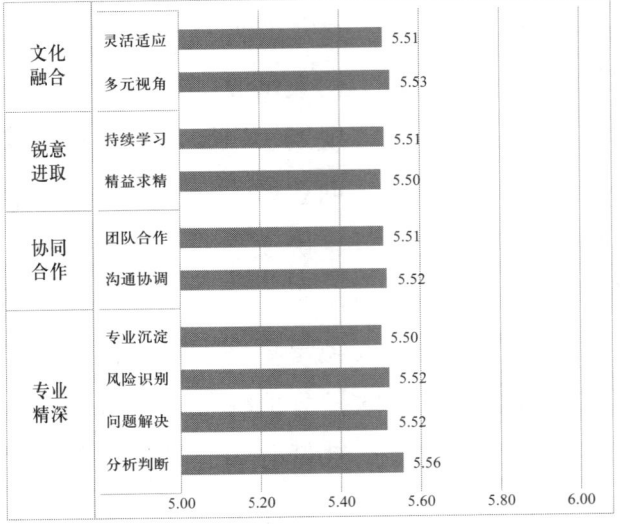

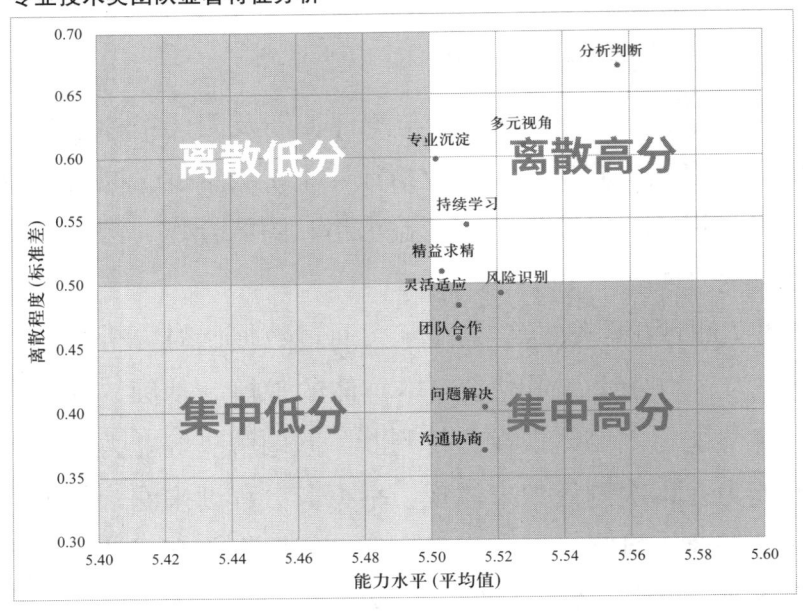

图 3.12 专业技术人员测评数据分析

3. 技能操作人员测评数据分析

本次技能操作类共计 52 人参与测评，涉及测评指标包含文化融合、勤勉笃行、团结协力、安全生产 4 个 1 级维度，同时涉及灵活适应、多元视角、学以致用、持续精进、合作意识、沟通反馈等10个2级指标（如图3.13所示）。

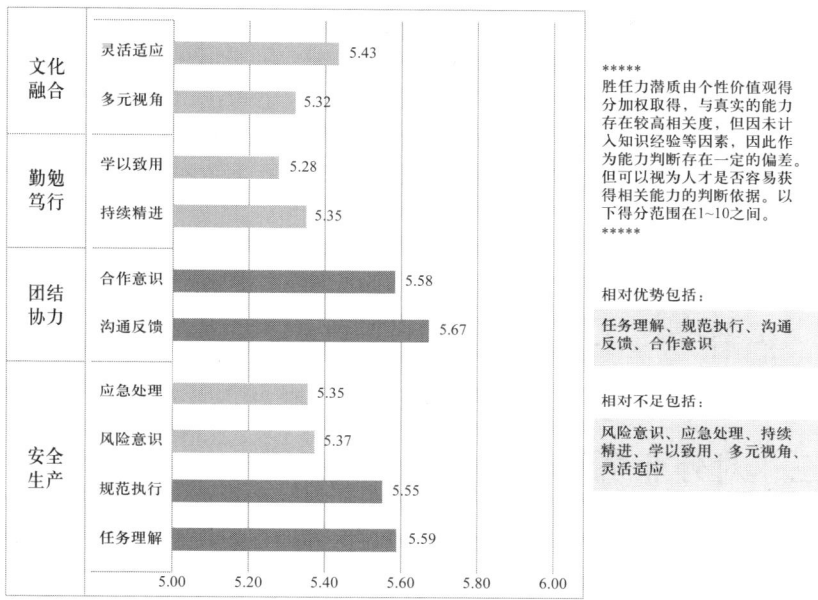

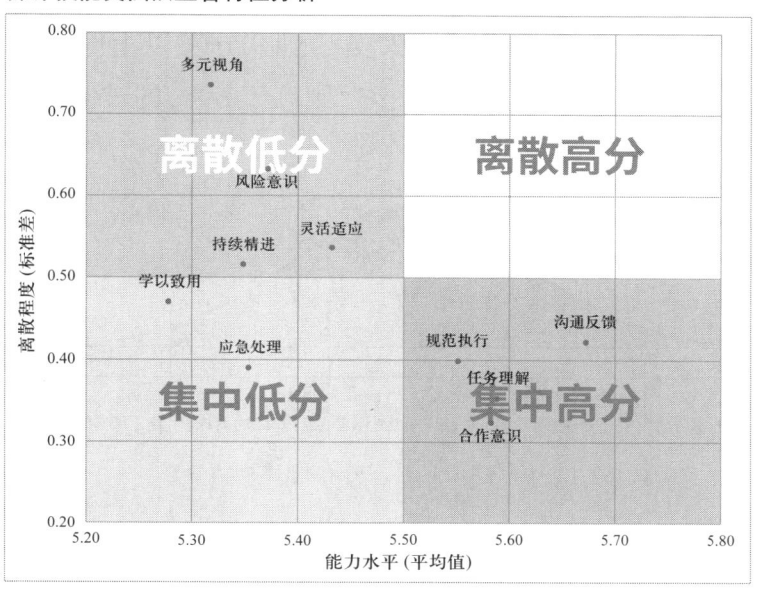

图3.13 技能操作人员测评数据分析

根据团队测评报告数据结果显示,通过数据比对分析,以标准分 5.5 分作为平均分线,同时参照本群体的常模为基础,技能操作人员相对优势能力主要体现在任务理解、规范执行、沟通反馈等能力指标;相对不足的能力主要体现在风险意识、应急处理、持续精进等能力指标。根据离散程度来看,集中高分主要体现在规范执行、沟通反馈、任务理解、合作意识 4 个指标;在离散高分中,未显示出明显的劣势能力指标;集中低分主要体现在应急处理、学以致用 2 个能力指标,由此看出技能操作人员团队在后期培训培养中需要规划相关的能力课程;在离散低分中,风险意识、持续精进、多元视角、灵活适应 4 个能力分值较低,在培训方式上,对于个别技能操作人员应采取更为适合的培训方式进行规划(详见图 3.13)。

三、对外业务人才能力分布图

在人才测评数据分析阶段采用标准化九级分制,将常态曲线下的横轴划分为 9 段,最高段为 9 分,最低段为 1 分,同时将对外业务人员测评原始分数进行十分制转换,结合测评数据结果及测评结果的正态分布数据来看,当被测人员达到 9 分及以上时,将高于 93% 的被测人员,当达到 7 分及以上,则高于 69% 的被测人员,以此类推。见图 3.14 正态分布图。

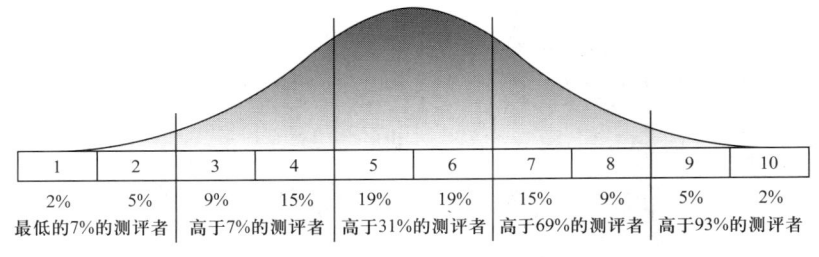

图 3.14 正态分布图

为了更精准地衡量人才在"管人"与"管事"两大维度上的表现,我们采用了九宫格人才评价方法,以横向 5.1 分和纵向 5.8 分为界进行构建。在横向维度（"管人"相关指标）上，以5.1分为界限，是基于过往大量数据和丰富经验的分析总结，以此将人才在管人方面的表现分为不同等级。例如，高于5.1分的人员可能在团队领导、人员激励等方面展现出更强的能力与成效，能够更有效地凝聚团队力量，激发员工潜能；而低于5.1分的人员则可能在这些方面存在一定的提升空间，需要针对性地加强管理技能培训与领导力培养。

在纵向维度（"管事"相关指标）方面，和确定5.1分为界限的原理类似，通过对业务处理相关数据和案例的深入研究，发现5.8分能够合理地区分人才在处理业务时的能力层级。得分高于5.8分的人才往往在业务规划、问题解决、项目推进等方面表现出色，具备高效应对复杂业务场景的能力，能够迅速准确地把握业务重点并推动业务顺利开展；反之，低于5.8分的人才可能在业务处理的效率、质量和策略上需要进一步优化与学习。

通过这样的划分，可以将经营管理人员和专业技术人员在九宫格中定位，从而更直观地了解他们在管人、管事方面的综合能力，便于进行人才管理和资源分配。

根据对外业务经营管理、专业技术人才九宫格来看，位于九宫格右上角的卓越型、业务突出型、人际突出型人才，整体无明显的能力发展弱势，我们认为可以围绕其能力优势或个人兴趣给予特异化的培养；位于中间的均衡型，无明显的弱点，可以根据组织或项目需求给予统一的培训，已形成相对优势；位于左上和右下的业务偏才和人际偏才，优势和弱势同样突出，我们认为应首先对其弱势进行补足，使其不成为明显的弱点，之后再进行优势发挥。同时，短期内无法补足弱势，在任用时应注意团队搭配。位于左下的人际短板、业务短板和低效者，我们认为应着力补足弱点，使其正常发挥功能，向均衡型进行发展和转变。见图3.15所示。

```
管事 ↑
┌─────────────┬─────────────┬─────────────┐
│ 业务偏材     │ 业务突出型   │ 卓越型       │
│ 单独强调     │ 拥有良好的   │ 在管理他人和 │
│ 业务导向，   │ 管理业务     │ 管理         │
│ 注重目标，但不关心 │ 才能，但人际关系 │ 业务方面同样突出 │
│ 他人情感     │ 管理一般     │             │
├─────────────┼─────────────┼─────────────┤
│ 人际短板者   │ 均衡型       │ 人际突出型   │
│ 业务管理能力一般， │ 业务管理和人际管理 │ 拥有良好的人际关系 │
│ 且在人际管理方面 │ 表现均衡，没有 │ 管理才能，但业务 │
│ 存在明显短板 │ 明显短板     │ 管理一般     │
├─────────────┼─────────────┼─────────────┤
│ 低效者       │ 业务短板者   │ 人际偏材     │
│ 业务管理和人际管理 │ 人际管理能力一般， │ 善于处理人际关系 │
│ 才能都较弱   │ 且在业务管理方面 │ 问题，但缺乏足够 │
│             │ 存在明显短板 │ 的对业务的关注 │
└─────────────┴─────────────┴─────────────┘
                                    管人 →
```

图 3.15 对外业务经营管理、专业技术人才九宫格

针对对外业务的技能操作人员（含核心人才、骨干人员、储备人才），从态度、能力两大维度进行系统性分析，将之前测评的 2 级指标按态度和能力维度进行划分，并在横向、纵向以 5.1 分、5.8 分构建对外业务人才九宫格。横向主要以能力相关指标为依据，纵向主要以态度相关指标为依据，由此将技能操作人员的横向、纵向分值输入进对外业务人才九宫格中，即可观察出各类人员的整体差异性。而对于紧缺人才主要从对外业务项目的实际需求出发，将相近的操作岗位进行转岗培训，作为主要的内部供给方式。见图 3.16 所示。

根据对外业务技能操作人才九宫格来看，位于九宫格右上角的核心型，无明显的能力发展弱势，我们认为可以围绕其优势能力项或个人兴趣给予特异化的培养；位于右中的中坚型，能力优势存在的情况下，动力还需进一步激发；右下的浪费型在态度方面已成为较大的风险性因素，我们认为应关注其潜在的心理健康或稳定性问题，以便于进一步通过心理疏导或深度交流等方式帮助其向中坚型发展；位于中上的潜力型，其工作态度端正，但能力方面体现得较

新手型 态度积极，处理问题的手段较为稚嫩，建议边观察边培养	**潜力型** 态度积极，但能力一般，有培养进步的潜力	**核心型** 能力突出且态度积极，是团队核心
问题型 态度一般，且能力较低，存在很大管理难度	**普通型** 中等水平的能力和中等水平的态度，可以胜任按部就班的工作	**中坚型** 有高水平的能力，但态度一般，能稳定贡献力量
低效型 能力水平较低，且态度消极，无法正常完成工作	**消极型** 能力水平一般，但态度较为消极，需经常督促	**浪费型** 有高水平的能力，但激发其态度存在难度，能力不能很好发挥

图 3.16 对外业务技能操作人才九宫格

为薄弱，我们认为应根据具体业务执行内容进一步提升其实践能力，从而向核心型转变；左上的新手型与潜力型类似，但能力方面较低，我们认为可以通过"师带徒""教练式引导"等方式帮助其尽快成长，同时关注其在工作中的业务难点、痛点，辅助其加强能力锻炼；位于中间的普通型，无明显的弱点，可以根据组织或项目的需求给予统一的定项培训，已形成相对优势；位于左下的问题型、消极型和低效型，我们认为可能存在一定的执行效率低的绩效问题，应着力补足弱点或给予激励，使其能正常发挥特点，向普通型转变。

为使其能更好地落地应用，将对外业务人才九宫格做进一步划分，针对业务突出型、卓越型和人际突出型以核心人才为基础，针对业务偏材、均衡型和人际偏材以骨干人才为依据，针对人际短板、业务短板和低效者以储备人才为基石。从对外项目业务发展规划、人员个性需求、培养方式方法、现有资源配置情况等分门别类的将现有对外业务人才进行科学合理地划分使用，内部通过打造人才发展库进一步拓宽人员成长成才路径，外部通过建立满足人员成长环境的激励机制平台、交流合作氛围进一步挖掘人才成长成才空间，助力对外业务市场做大做强。见图3.17所示。

业务偏材 单独强调业务导向，注重目标，但不关心他人情感	业务突出型 拥有良好的管理业务才能，但人际关系管理一般	卓越型 在管理他人和管理业务方面同样突出
人际短板者 业务管理能力一般，且在人际管理方面存在明显短板	均衡型 业务管理和人际管理表现均衡，没有明显短板	人际突出型 拥有良好的人际关系管理才能，但业务管理一般
低效者 业务管理和人际管理才能都较弱	业务短板者 人际管理能力一般，且在业务管理方面存在明显短板	人际偏材 善于处理人际关系问题，但缺乏足够的对业务的关注

图3.17 核心人才、紧缺人才、骨干人才、储备人才分布图

第四章 对外业务人才（国内＋国外）发展规划思路与策略

一、对外业务人才发展规划思路

人才发展规划是一个持续不断的过程，对外业务应建立起持续监测和调整的机制，及时了解人才发展的变化和对外业务的实际需求。通过阶段性测评和动态化更新，及时进行调整和优化，以确保找准人才需求与供给的平衡点，促进对外业务的可持续发展。

1. 对外业务人才发展规划模型

人才发展规划是对外业务管理中的重要环节，通过找准人才需求与供给的平衡点，可以为对外业务提供稳定的人才支持，推动对外业务的可持续发展。对外业务应该注重内部培养与提升，积极拓宽外部招聘渠道，与培训机构合作，建立人才储备库，并持续监测和调整人才测评规划，以适应对外业务的发展变化。只有找准人才需求与供给的平衡点，对外业务才能更好地应对挑战，实现长期发展。

以人力资源管理需求侧和供给侧为理论基础，需求侧通过"重要—紧急"矩阵分析，提出需求；供给侧通过九宫格进行筛选，提供人才，为对外业务人才提出人才发展的思路，形成"对外业务人才发展规划模型"，如图4.1所示。

一是需求侧。对外业务人才（国内＋国外）发展规划编制之前，首先要全面了解对外业务的战略目标和发展需求，以项目需要的视角来系统分析业务市场的需求点、价值创造、供给链的关联性等因素，包含规章制度、人文环境、法律法规、用工方式、技术条件等，

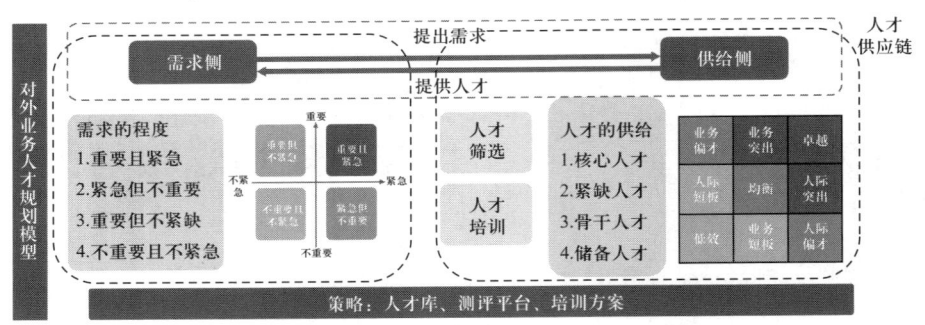

图 4.1 对外业务人才发展规划模型

基于这些因素,明确对外业务的发展方向、实施计划和业务重点,有针对性地根据"重要—紧急"矩阵分析来确定需求的重要程度,更快速地确定项目的相关需求。

二是供给侧。结合对外业务人才队伍(经营管理、专业技术、技能操作)的工作特点、业务要求特点开展人员的能力与素质测评,将测评结果分布在九宫格内,形成对外业务人才划分的依据,并有针对性地开展人才筛选和人才培训,找准人才需求与供给的平衡点,基于对外业务的相关需求,进行人才需求与供给的分析,有效地提供人才,更好地做到人岗匹配。

2. 对外业务人才培养规划

(1)新疆油田公司对外业务人才规划设计

新疆油田公司海外业务"十四五"规划方案中提出,认真贯彻落实国家、中国石油天然气集团有限公司总体工作部署,坚持"高质量、高效益"拓展海外业务,有利于"人才、技术、管理"一体化优势的发挥,有利于技术支持和海外业务服务体系的搭建,有利于提升海外业务市场的开发能力、经营创效能力、风险防控能力、国际竞争能力。通过拓宽海外业务市场范围、上下延伸海外业务结构,达到海外业务规模不断扩大、创效能力不断提升、品牌影响力不断加强、安全环保业绩优良,切实扛起保障国家能源安全重任,助力新疆油田公司国际化运营,支撑高质量发展。在持续加强海外队伍建设中提出:

① 针对市场需求建立内部选人引才机制。为进一步深入推进"大海外"战略及国际化运营模式，新疆油田公司各单位择优选送优秀人才支持海外油气业务发展；在海外工作过的优秀专业人才轮换回国后，各单位应妥善安置，有提拔任用机会时优先考虑具备丰富海外工作经验的对外业务人才，使新疆油田公司的国际化能力不断提升。

② 构建开放、多元的外部用人机制。针对急需岗位内部无法满足的情况下，通过"市场化用工＋当地雇员"的模式承接项目，新疆油田公司在项目中负责整体质量管理、提供关键岗位的技术把关，其余操作岗位由具有国外项目经验、具备一定技术实力的改制企业、地方企业提供。

③ 强化国际化管理人才培养力度。基于"抓顶层""补短板""强优势""建共享"的队伍建设理念，建立国际化管理人才培训模式，结合员工专业特点，量身打造个性化培训计划，培训内容覆盖资源国法律政策研究、合规风险管理、市场开发、投标合同、项目管理、对外贸易、海外社会安全管理、外事及翻译等重点岗位工作，培养一批"精通外语、熟悉商务、擅长管理"的高端复合型领军人才。

④ 持续加强海外专业技术人才储备。中国石油海外项目近年提出"油气并举"的理念，作为技术服务方应加强在天然气领域人才培养和储备，持续推进"导师带徒、新老搭配、请进专家、量身定做、赋予责任、培训课堂"六种培养模式，在天然气勘探开发领域核心、特色技术上给予保障措施，提升支撑天然气业务发展的能力。

⑤ 推动海外人力资源整合。建立海外人才信息库，收集汇总各涉外单位海外业务人员信息，突出个人专业方向及特长，构建海外人力资源共享服务管理模式，为新项目组建承接夯实人力资源基础。

（2）对外业务关键岗位培养路径的设计

① 对外业务人员培养路径具体设计思路。

海外业务人员在培养过程中应探索其自身的成长成才规律，以海外地区负责人为例，根据其岗位职责工作内容（图4.2），基于KSA（Knowledge，Skills，Abilities）理论萃取关键能力、相关知识和专业技能，并结合实际业务环境要求生成关键举措，从而明确培训的内容、实践活动、评估方法，由此实现以结果倒推培训目标、内容设计等核心因素，形成培养路径的闭环设计形式。

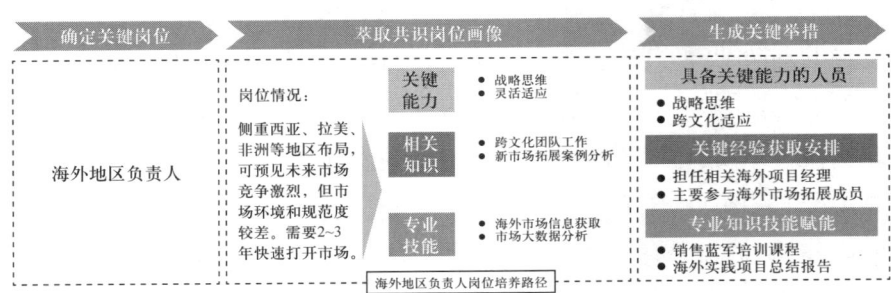

图 4.2　海外地区负责人培养路径设计思路

②对外业务人员培养路径——以商务岗、市场开发岗为例。

商务岗培养路径研究聚焦岗位工作任务、能力要求、外部环境要求，经过专家判断明确商务岗主要围绕"商务运作、商务服务、合同管理"三个维度，对这三个维度进行能力拆解（图4.3），并对业务内容进行整理归类，匹配适合的评价标准，进而明确商务岗的各项内容，为后期培养路径建设提供参考依据。

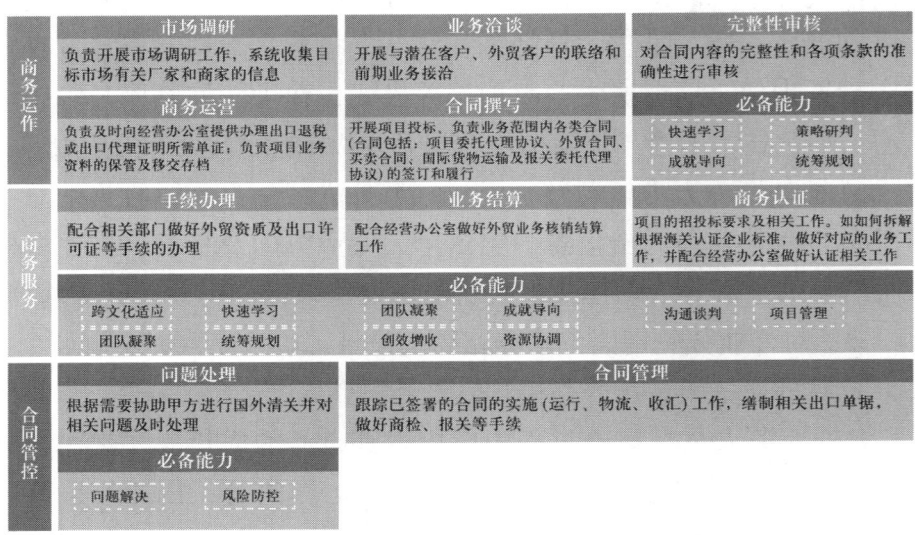

图 4.3　商务岗职责能力拆解

市场开发岗培养路径研究中同样聚焦岗位工作任务、能力要求等内容，介于市场开发岗的工作特点，工作内容大多需要与需求方或客户进行面对面或线上沟通，需要掌握相关的礼仪、习俗、客户服务、市场维护等核心内容，由此其培养路径主要围绕"客户服务、市场运维、市场信息"三个维度进行能力拆解（图4.4）。

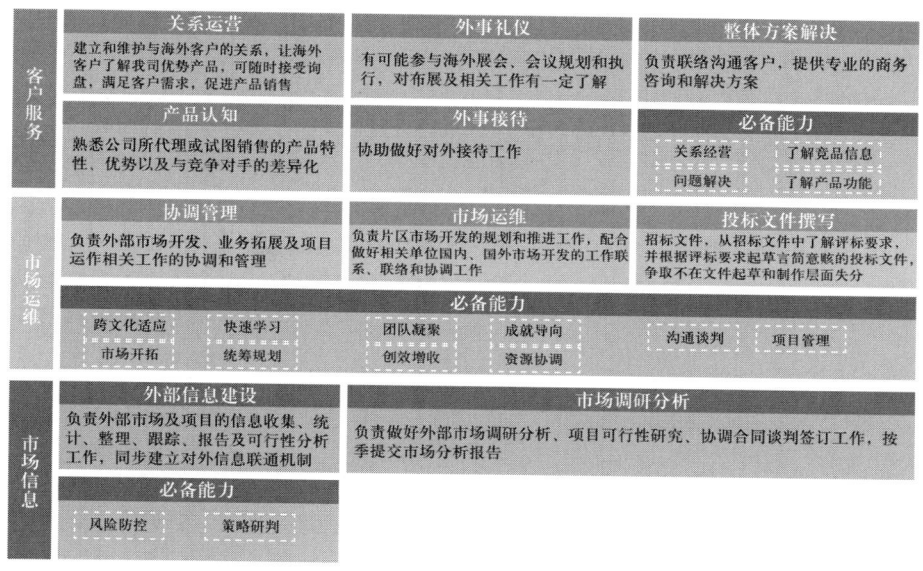

图 4.4　市场开发岗职责能力拆解

③ 海外业务人员培养路径研究——商务岗、市场开发岗人员培养路径图。

商务岗、市场开发岗的培养路径设计需要系统考虑培养周期、培养目标、培养内容、各阶段达标的条件因素等内容，以"闭环培养、阶段评估、实践运用"为核心理念，做到各阶段能清楚地知道进入下一阶段培养的终极考核要求是什么，为达到这一要求需要被培养的人员明确学习内容、考核的方式方法、该阶段完成后能在岗位上做哪些具体的工作，从而了解整体的培养理念，知道个人成长成才的意义和价值。

商务岗的相关职责内容主要是以进出口贸易的流程操作、商务谈判整体流程操作、报关流程管理等工作为核心，其业务内容是以做好各阶段的资料准备、填报工作为重点，由此课题组将其分解到各阶段的培养考核内容中，实现商务岗人员的培养路径（表4.1）。

表4.1 商务岗人员培养路径

阶段划分		储备期（1~3年）	发展期（2~4年）	成熟期（3~6年）
阶段目标		独立完成商务岗的基本工作内容	参与项目核心的工作内容，并能根据项目的执行情况预判可能存在的风险，提出应对的措施等	能够带领新人成长，实现传帮带；能够协调各方资源为项目的顺利运行提供支持；具有独特的个人沟通风格与各方人员进行多视角的沟通交流
知识技能	专业知识	商务英语； 国际法律法规解读； 国际贸易实务； 海外事例宣讲； 海外项目运作基本流程； 进出口贸易流程管理； 海外招投标基本流程； 海外国家国情概况	商务英语； 国际法律法规解读； 海外项目招投标及经营管理经验分享； 国际贸易实务； 外事管理与纪律； 国际贸易财务管理（汇率规避、期权）； 进出口交易程序与合同条款； 海外国家国情概况	海外市场战略规划； 大变局下国际业务应对策略； 国际市场分析； 国际贸易法律与合规管理； 数字化营销技巧与方法； 资源协调与决策； 海外项目财务管理； 海外国家国情概况
	岗位技能	国际商务礼仪； 常用办公软件； 合同文本撰写	商务谈判技巧和运营能力提升； 商务运作下的风险防控	国际商务谈判； 领导力提升管理； 国际项目管理

续表

阶段划分	储备期（1～3年）	发展期（2～4年）	成熟期（3～6年）
能力素质	高效能人士的7个习惯； 高效团队打造与建设； 跨文化沟通策略与原则	解决问题的六把金钥匙； 解码心性，成就卓越——MBTI性格学与领导力； 跨文化沟通训练与提升； 金字塔原理：结构化思维与组织	优势思维：问题分析与解决； 多元文化团队建设； 跨文化冲突解决技巧； 5R教练领导力
达标条件	完成一次项目复盘总结，制作PPT并参与答辩	独立完成至少2～3类别的整体项目流程	指导并带领团队其他成员独立完成各类项目的整体流程
培养时间	本阶段按实际测评结果通常1～3年	本阶段按实际测评结果通常1～3年	本阶段按实际测评结果通常1～3年

市场开发岗相关职责内容主要以收集对外市场的信息、评估、分析、开拓、渠道经营、客户关系维护、商务谈判等工作为核心，其业务内容更多需要与客户进行沟通交流，对市场环境进行评估等。由此课题组将其分解到各阶段的培养考核中，实现市场开发岗人员的培养路径（表4.2）。

表4.2 市场开发岗人员培养路径

阶段划分	储备期（1～3年）	发展期（2～4年）	成熟期（3～6年）
阶段目标	独立从事市场开发相关的基本工作任务	熟悉海外市场项目需求的信息渠道；具备客户需求分析和公司特长优势匹配的能力	熟练掌握海外市场项目需求的信息渠道；带领团队完成产品和技术推广工作；具备海外市场前景战略分析等能力

续表

阶段划分		储备期（1~3年）	发展期（2~4年）	成熟期（3~6年）
知识技能	专业知识	国际商务英语； 海外国家法律法规解读； 海外项目运作基本流程； 国际贸易基本知识； 海外市场开发概述； 国际贸易基础实务； 海外国家国情概况	国际商务英语； 反商业贿赂等相关合规内容； 海外项目投融资风险管理； 国际油气合作项目的风险识别和管控； 外事管理与纪律； 数字技术在海外市场开发中的应用； 海外项目地质、工程等技术培训和交流； 海外市场数字营销策略； 海外市场数据分析与市场研究； 海外市场开发案例分析与模拟演练； 海外工程项目投标报价管理实务； 海外国家国情概况	当前国际经济形势与国家经贸政策走向； 大变局下国际业务应对策略； 国际化战略规划解析； 海外工程项目市场商业模式； 外事管理与纪律； 海外项目地质、工程等技术培训和交流； 反商业贿赂等相关合规内容； 海外市场数字营销策略； 海外市场数据分析与市场研究； 海外市场开发案例分析与模拟演练； 海外工程项目合同管理实务； 海外国家国情概况
	岗位技能	国际商务礼仪； 国际商务谈判； 表达的力量； 海外市场客户关系管理	海外市场客户关系管理； 商务谈判技巧和运营能力提升； 海外市场信息收集与分析； 海外项目管理能力提升	商务谈判技巧和运营能力提升； 海外市场信息收集与分析； BA商业分析师认证
能力素质		多元文化团队建设； 跨文化沟通策略与原则	驻外压力管理与心理调试； 解决问题的六把金钥匙； 解码心性，成就卓越——MBTI性格学与领导力； 跨文化沟通训练与提升	驻外压力管理与心理调试； 项目中的问题分析与解决工作坊； 海外项目管理冲突解决技巧； 金字塔原理：结构化思维与组织

续表

阶段划分	储备期（1~3年）	发展期（2~4年）	成熟期（3~6年）
达标要求	完成一次项目复盘总结，制作PPT并参与答辩	至少完成一次项目的落地开发	形成一份完整的市场调研报告，指导市场的开发和产品推广
培养时间	本阶段按实际测评结果通常1~3年	本阶段按实际测评结果通常1~3年	本阶段按实际测评结果通常1~3年

二、对外业务人才发展策略

1. 课程库和培养方案

（1）建立对外业务人才能力要求的培训课程库

根据前期研究形成构建的三支队伍的能力模型，匹配合适的课程，形成经营管理、专业技术和技能操作国内、外人员能力要求的核心课程库，合计共有近50门培训课程，为培训做支撑，如图4.5所示。

人才序列	相关能力项	评价指标	培训课程
经营管理	经营创效	市场开拓、策略研判、创效增收	海外市场信息收集与分析、策略影响、商业敏锐
	项目管控	筹划规划、问题解决、风险防控	项目领导力、公关与应急管理、风险意识、驻外纪律与安全
	合作共赢	沟通谈判、资源协调、关系经营	有效沟通、国际谈判、市场与商业模式研究、自我认知与人际风格
	担当进取	成就导向、率先垂范、快速学习	高效能人士的七个好习惯、公司品牌建设与社会责任、系统思考
	队伍稳定	关注员工、发展他人、团队凝聚	驻外压力管理与心理调适、合作式思维、信任的速度、跨文化冲突管理、多元团队管理
	文化融合	多元视角、灵活适应	国际能源形势与政策、外事管理与纪律、国际商务礼仪、海外事例宣讲
专业技术	专业精深	分析判断、问题解决、专业沉淀	决策力、逻辑思维训练、公关与应急管理、风险识别、驻外纪律与安全、国际商务沟通、国际贸易实务、国际商法
	协同合作	沟通协调、团队合作	有效沟通、高效执行、激发团队效能、合作式思维
	锐意进取	关注员工、发展他人、团队凝聚	责任心、精益管理法、高效能人士的七个好习惯、逻辑思维训练
	文化融合	多元视角、灵活适应	国际能源形势与政策、外事管理与纪律、国际商务礼仪、海外事例宣讲
技能操作	安全生产	任务理解、规范执行、风险意识、应急处理	成人思维训练、高效执行、风险意识、驻外纪律与安全、公关与应急管理
	团结协力	沟通反馈、合作意识	直面后行的沟通技巧、激发团队效能、合作式思维
	勤勉笃行	持续精进、学以致用	高效能人士的七个好习惯、把经验变成效益
	文化融合	多元视角、灵活适应	国际能源形势与政策、外事管理与纪律、国际商务礼仪、海外事例宣讲

图4.5　对外业务人才能力培养课程库

（2）通过人员筛选，建立分层级、类别的培养方案

根据人员的筛选情况，分别针对核心、紧缺、骨干和储备人才建立人才培养规划的建议。核心人才根据能力的长板开展个性化培训；紧缺人才需要根据所缺的岗位精准化培训；骨干人才满足项目

需求，以能力短板开展培训；储备人才开展一般性的通用类培训，如图 4.6 所示。

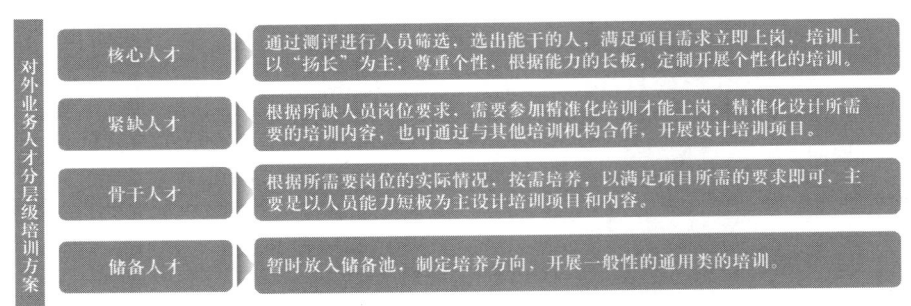

图 4.6　对外业务人才培训方案

2. 对外业务人才培训建议

根据新疆油田公司对外业务发展战略，结合对外合作业务人员人才测评整体情况，推荐开展以下培训：

（1）核心人才培训

以赴国际组织任职为远期目标，对核心人才重点培训培养。增进对国内、外能源发展形势和政策的了解，拓展全球视野、培养国际化思维；熟悉海外油气业务实务，把握国际油气合作项目运作规律，提升国际交流与合作的效率；领会国际传播的重大意义，全面提升英语陈述与交际能力，掌握跨文化交流技巧，提升企业国际形象。

培训对象：新疆油田公司参与国际交流与合作相关业务的核心人员。

培训方式：线下集中面授、团队拓展、行动学习、参观考察等多种方式结合。

培训目的：以把握发展方向、提升战略思维和开拓国际视野为前提，以增强国际交流意识为根本，以提升实际工作能力为抓手，推动国际交流与合作相关业务核心人才的实际工作能力得到全面提升。

主要培训内容：设置5大核心课程模块和一个辅助模块，5大核心模块分别是"战略思维及国际视野""国际组织履职基本能力""国际交流实务英语""跨文化沟通与国际传播能力建设"及"境外公共关系与社区管理"。

（2）紧缺人才培训

根据新疆油田公司对外业务紧缺岗位的职责要求，对紧缺人才进行专项精准培训培养。国际化人才培养是推动新疆油田公司实现"走出去"战略的迫切要求，通过定位清晰、目标明确的培训课程设计，对新疆油田公司国际化紧缺人才进行针对性培训，培养一批满足新疆油田公司需求的市场运营、商务谈判、电力运维、勘探评价相关业务的国际化人才。

① 新疆油田海外业务骨干能力提升培训。

培训对象：具有海外项目工作经验、通过集团外语考试的海外业务骨干人员。

培训方式：线下集中面授、现场教学、分组研讨、经营沙盘模拟、案例分析等多种方式结合。

培训目的：紧紧围绕政治坚强、本领高强、意志顽强的"三强"队伍锻造，结合海外项目运营与管理实际所需，重在提升政治素质、涉外商务运作能力，跨文化团队领导力和项目管理能力，培养信仰坚定、干净担当、具备国际化视野、通晓国际项目管理规则、会管理、擅经营的对外业务人才。

主要培训内容：习近平新时代中国特色社会主义理论体系解读，以中国式现代化全面推进中华民族伟大复兴，大变局下国际形势与国家安全，世界经济与国际能源格局，大变局与共建"一带一路"；境外项目开发策略与技巧，国际招投标与合同管理，国际商务谈判，海外机构管理与客户开发，商务谈判技巧与英文表达；海外项目投资风险管理，国际贸易理论与实务，海外经营管理与风险防控沙盘模拟演练；国际商法，国际项目法律风险管理，国际项目主要合同及合作模式，国际商务礼仪；国际项目市场运作与管理，海外工程项目管理案例分析，项目管理沙盘模拟，国际传播与跨文化交流，跨文化沟通管理等。

②新疆油田海外法律业务骨干能力提升培训。

培训对象：具有海外项目工作经验、通过集团外语考试的海外法律业务骨干人员。

培训方式：线下集中面授、分组研讨、案例分析等方式结合。

培训目的：围绕国际项目法律风险管理、国际项目主要合同及合作模式、国际化经营财税风险管理与价值创造、集团海外项目合作区主要资源国的税法介绍和税务筹划等内容进行学习，培养信仰坚定、干净担当、具备国际化视野，通晓国际项目管理规则，会管理、擅经营的国际化商务法律人才，强化海外业务法务人员的履职能力。

主要培训内容：国际商法，国际项目法律风险管理，国际项目主要合同及合作模式，国际化经营财税风险管理与价值创造，美洲合作区主要资源国税法介绍和税务筹划，中亚、俄罗斯合作区主要资源国税法介绍和税务筹划，非洲合作区主要资源国税法介绍和税务筹划，中东合作区主要资源国税法介绍和税务筹划，国际工程重大合约与法律风险解析等。

③国际化电力运维人才专项培训。

培训对象：有意愿前往海外项目工作或具有海外项目工作经验的相关业务人员。

培训方式：线下集中面授+阶段测试+结业考试。

培训目的：培养具有全球化视野、国际竞争力和创新意识的人才，了解国内及国际的电气工程及其自动化专业的发展状况、相关法律法规及其行业标准，拥有扎实的基础理论；培养能够掌握电气工程及其自动化基本专业理论和应用技能，擅长国内外电气工程及其自动化有关的装备制造、电力系统运行、技术开发以及计算机应用等的高素质复合型工程技术人才。

主要培训内容：习近平新时代中国特色社会主义理论体系解读，大变局下国际形势与国家安全，电力基础知识，电力设备及系统，电力安全与防护，电力检修与维护，自动化与智能化技术，电力安全与应急处理培训，变压器运维培训，电力自动化系统运维培训，电力环保与节能技术培训等。

④ 国际化勘探评价人才专项培训。

培训对象：有意愿前往海外项目工作或具有海外项目工作经验的相关业务人员。

培训方式：线下集中面授、案例分析、交流研讨等方式结合。

培训目的：通过培训，使学员了解非常规油气勘探的潜力与远景，掌握油气勘探的新技术、新方法，并将其应用到油气勘探的生产实际中，提高勘探成功率和项目的整体效益。

主要培训内容：全球页岩气资源潜力及开发现状，非常规油气勘探评价技术，储层综合评价技术，钻井工艺新技术，劳动力科学管理与调配，国外勘探评价先进管理模式等。

（3）骨干人才培训

针对骨干人才，根据岗位实际情况按需培养，建议开展以下培训：

① 国际业务社会安全管理体系培训。

培训对象：新疆油田公司国际业务社会安全管理相关部门业务管理岗位人员、新疆油田公司所属各涉外单位国际业务社会安全管理部门负责人和业务管理岗位人员以及海外项目相关管理人员。

培训方式：线下集中面授、案例分析、分组研讨、现场教学等方式结合。

培训目的：为贯彻落实集团公司国际业务社会安全管理各项要求和会议精神，牢固树立"员工的生命高于一切"的安全理念，继续以"三杜绝"和"零"伤亡为目标，扎实开展新疆油田公司国际业务社会安全管理各项工作，新疆油田公司海外项目安全形势稳定可靠。进一步提升新疆油田公司国际业务社会安全管理工作水平，促进新疆油田公司相关业务人员更快更好地成长成才。

主要培训内容：社会安全管理体系介绍，中油国际业务介绍和国际社会安全管理做法，海外 HSSE 体系融合等。

② 外事管理与专办员培训。

培训对象：各相关单位外事分管领导和外事专办人员。

培训方式：线下集中面授、交流研讨、现场教学等方式结合。

培训目的：进一步提高新疆油田公司各涉外单位和海外项目部外事管理人员与专办员外事管理的业务水平，了解外事业务的新理念、新政策和新规定，确保外事工作合规管理，更好地履行外事管理和外事专办员的职责。

主要培训内容：习近平新时代党的外交外事政策解读，集团公司出国管理业务讲座，领事保护内容的知识讲座，集团公司国际部（外事部）外事专办员管理细则及公司 2024 年外事工作要点宣贯等。

③ 海外项目人员健康管理培训。

培训对象：海外项目工作人员。

培训方式：线下集中面授，理论结合实操，分组研讨、制定个人行动计划并跟踪指导等多种培训方式。

培训目的：以海外项目实际情况为主导，每次项目出发前和回来后展开心理评估和团体心理辅导。一是摸排员工心理健康状况，做到防患于未然；二是提升心理健康水平，提升抗压能力。此外，学习预防慢性病的身体健康管理方法，预防心脑血管等疾病的发生，减少非生产工亡和海外医疗的风险。

主要培训内容：心理评估，团体心理辅导，慢性病预防，心脑血管疾病预防，科学运动，膳食营养等。

（4）储备人才培训

根据对外业务人员的基本要求，针对储备人才围绕语言、沟通、职业礼仪等进行一般通用类培训。

① 新疆油田国际化储备人才英语 A 级培训。

培训对象：新疆油田公司专业技术骨干和管理干部；本科及以上学历，大学英语四级 425 分以上，年龄在 35 岁及以下。

培训方式：线上＋线下，分阶段授课。

培训目的：通过培训，学习托福听力试题所考查的知识点，了解内在的出题特点和规律，掌握一定的解题方法和技巧，适应托福试题的解题节奏，提高英语听力能力，强化与提升学员的英语综合应用能力、增强涉外交流综合素质，为参加集团公司外语水平考试做准备，为新疆油田公司海外业务做好人才储备。

主要培训内容：集团公司英语 A 级考试相关内容。

② 英语语言能力提升培训。

培训对象：有意向赴海外项目工作的技能操作人员。

培训方式：学员在新疆培训中心新培在线平台自学，统一安排集团考试。

培训目的：通过培训，使学员初步掌握英语的语音、语调及常用句型，熟悉 CNPC 英语 900 句中的文本及听力，词汇在原有基础上增加 400 到 600 个（保守估计）。理解英语基本语法要点，应对一般的日常对话，达到初级英语水平。

主要培训内容：CNPC 英语 900 句中的文本及听力。

③ 新疆油田国际化储备人才俄语 A 级培训。

培训对象：有中亚国家留学背景的专业技术和管理人员，中亚国家项目工作人员。

培训目的：提高学员的实际交际能力，以听说能力为主要目标，学员在培训后能用俄语进行日常交流，并对目的国文化及国情有初步了解，到俄语国家后能在较短的时间内适应当地的生活，拓展学员石油方面的俄语词汇，学员能使用俄语开展工作，进行跨文化交流与沟通。

主要培训内容：集团公司俄语 A 级考试相关内容。

④ 俄语语言能力提升培训。

培训对象：有意向赴海外项目工作的技能操作人员。

培训方式：学员在新疆油田培训中心在线平台自学，统一安排集团考试。

培训目的：通过在新疆油田培训中心在线视频自学，使学员初步掌握俄语语音、基本词汇和语法，熟悉俄语 900 句中的文本及听力，理解俄语基本语法要点，应对一般的日常对话，达到初级俄语水平，为进一步的学习打下坚实的基础。

主要培训内容：CNPC 俄语 900 句中的文本及听力。

（5）临时性需求培训

针对具体的对外业务需求，根据项目甲方要求，有针对性地开展临时性培训，如技能操作人员技能鉴定前培训。

参考文献

[1] 郭艳,林萍.岗位胜任力在人才选拔中的应用[J].人力资源,2019(10):55.

[2] 方振邦.战略性人力资源管理[M].北京:中国人民大学出版社,2014.

[3] 豆阿妮,谢燕晖,崔瑞丽.销售人员胜任力模型的构建——以M公司为例[J].人力资源,2019(12):74-75.

[4] 张润生.基于岗位能力素质模型的人才评价选拔测评方式设计[J].人力资源管理,2014(8):44-46.

[5] 陈艳婷.企业人力资源管理中的胜任力的应用实践微探[J].现代商业,2017(31):65-66.

[6] 刘远我.人才测评:方法与应用[M].北京:电子工业出版社,2015.

[7] 唐宁玉.人事测评理论与方法[M].大连:东北财经大学出版社,2016.

[8] 彭剑锋,荆小娟.员工素质模型设计[M].北京:中国人民大学出版社,2003.

[9] 北森人才管理研究院.人才盘点完全应用手册[M].北京:机械工业出版社,2019.

[10] 熊军,宗晓虹,吴小辉.企业销售人员胜任力模型的构建[J].科技创业月刊,2016,29(5):53-55.

[11] 薛松.中国南车国际化人才队伍建设研究与探索[D].陕西:西南交通大学,2012.

[12] 李萍.石油石化企业国际化人才队伍建设浅析[J].中共山西省委党校学报,2010,33(4):101-102.

[13] 宋薇.区域性国际化人才发展战略评价体系研究[D].江苏:河海大学,2007.

[14] 余苗苗.东方物探研究院国际化创新型科技人才培养优化研究[D].陕西:西北大学,2016.

[15] 刘卓嘉.胜利油田国际化人才队伍建设中的几个问题[J].胜利油田党校学报,2014,27(2):90-92.

[16] 李兰.石油企业国际化人才培养的几点思考[J].人力资源管理,2012(6):99.

[17] 郑雅卓.中石油国际化业务发展策略与启示[J].云南社会科学,2013(5):86-90.

[18] 吕功训,王仲才.大型国有跨国企业人才开发体系创新研究[J].管理观察,2017(1):9-19.

[19] 屈英华.国际化石油人才培养实践[J].石油人力资源,2017(2):32-35.

[20] 窦立荣,袁圣强,刘小兵.中国油公司海外油气勘探进展和发展对策[J].中国石油勘探,2022,27(2):1-10.

[21] 高先斌.加速国际化人才培养方案探讨[J].现代经济信息,2011(6):17.

[22] 毛矗.国际化人才培养策略探析[J].佳木斯大学社会科学学报,2012,30(1):145-146.

[23] 张华英.人才国际化与国际化人才的培养[J].福建农林大学学报(哲学社会科学版),2003(4):81-83.

[24] 王湘南,张清惠.浅析人才供应链管理的研究现状及其启示[J].市场论坛,2018(6):40-43.

[25] 徐颀.基于人才供应链理论的人力资源管理系统设计——以A公司为例[D].上海:上海交通大学,2013.

[26] 许锋.人才供应链:实现高绩效均衡的人才管理模式[M].天津:天津人民出版社,2019.

[27] 马晓红.从人才供应链角度探讨大学生就业瓶颈[J].职业圈,2007(8):157-158.

[28] McClelland, D. C. Testing for competence rather than for "intelligence"[J]. American Psychologist. 1973(1):1-14.

[29] Flanagan, J. C. "The critical incident technique". Psychological Bulletin. 1954, 51(4):327-358.

[30] Cappelli, P. Talent on Demand: Managing Talent in an Age of Uncertainty[J]. Harvard Business School Press Books, 2008.